你是我的好朋友

——48款呆萌可爱的动物布偶及饰品制作教程

〔法〕嘉人编辑部 编

〔法〕黄晓燕 译

河南科学技术出版社

·郑州·

目录

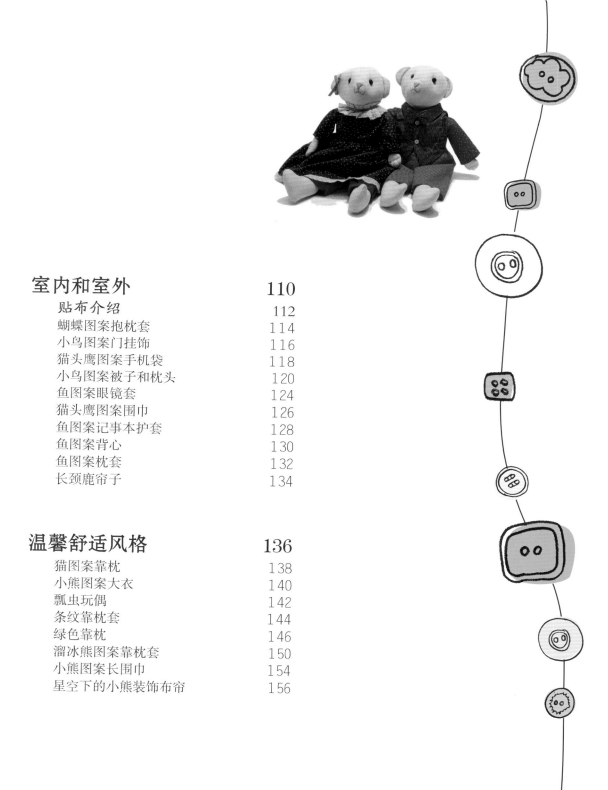

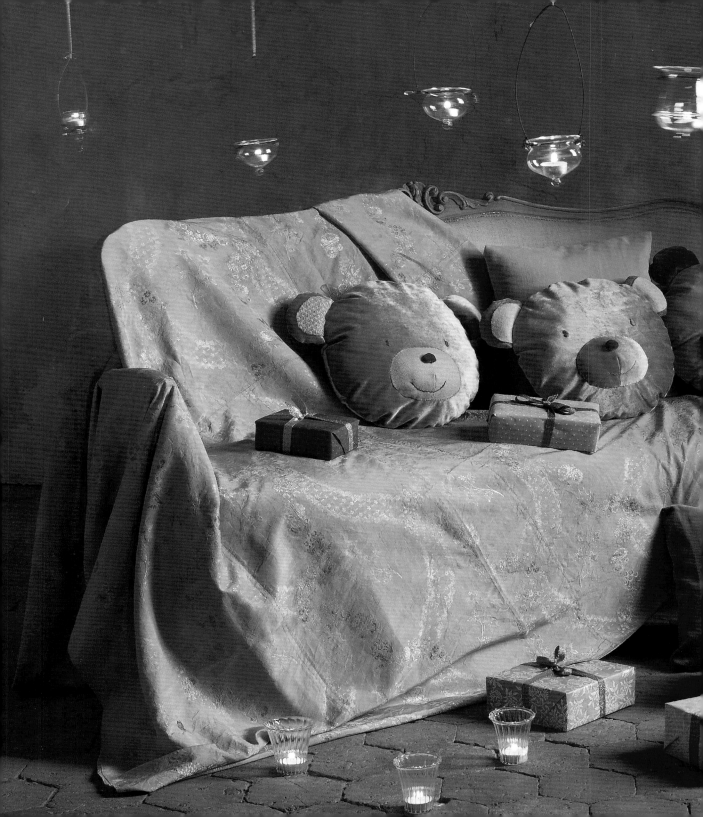

传统风格

传统风格

大熊

材料

呢绒
粗花呢
棉布
针织布和旧袜子
合成毛绒或马海毛毛绒
黑色玻璃眼睛
五套金属／纸垫圈：40mm
开口销扳手
填充棉
绣线
缝线

制作

放大纸样（9页）。
裁剪纸样。
按照巧克力色、灰褐色、烟灰色的配色来选择面料。可将碎布头拼缝起来。
裁剪出所有部件以及里布，并且增加1cm的缝份。
布块缝合时要正面相对，必要时和里布一起缝合。
在裁好的布块上用珠针或疏缝线做出图纸的标记点。
将两块脸部从脖子下部到鼻尖缝合。
从鼻子开始在两块脸部之间缝合头顶。翻到正面。
开始缝合胸部和腹部。将胸部的夹角缝合至B点。将腹部的下部夹角缝合。
将两块背部从返口边开始缝合：留出返口，上部一直到A点，下部一直到尖端。
将胸腹部和背部缝合。
翻到正面。
缝合手臂内侧和手掌，再与手臂外侧缝合，预留返口，翻到正面。
缝合下肢，下部从脚跟开始缝合脚底。预留返口，翻到正面。
缝合耳朵,下部预留返口。翻到正面。
将一个纸垫圈和一个金属垫圈穿在开口销上。用一个棒子密实填充头部。
将开口销和两个垫圈放在颈部开口处，用手紧紧按住以便压实填絮。
用粗线将颈部的布料绕销折入从而固定头部连接件。将线结牢。
用尖头剪刀或锥子在身体上部钻一个小孔来穿过头部的开口销。

小窍门：我们可以在网上找到开口销扳手。

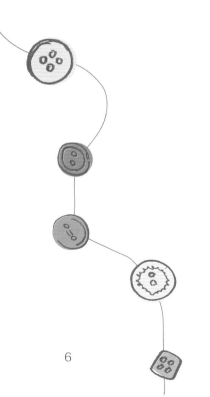

大熊 (续)

将一个纸垫圈和一个金属垫圈穿在开口销上。

用标准尺寸的销扳手，将两个销绕在一起转向外侧。

用同样的方式将手臂和下肢安装在身体上，然后填絮并封口。

将身体填絮后将背部封口。

将耳朵下部封口。用珠针固定并对准位置缝合。

用珠针标记眼睛的位置。用尖头剪刀将布料穿孔。从每只耳朵的后部开始用粗双线和长针将眼睛缝合：将针从小孔穿出，然后穿过眼睛的金属环后再朝后穿入小孔。在耳朵后打结前将线拉紧，然后将剩下的线藏入耳朵下。

用黑线绣出鼻子和嘴巴。

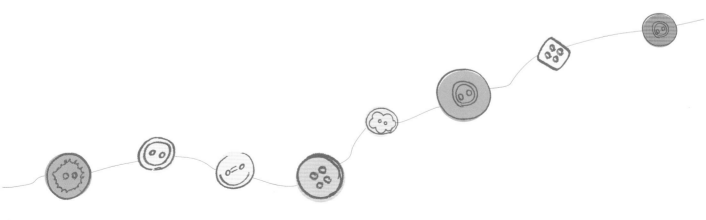

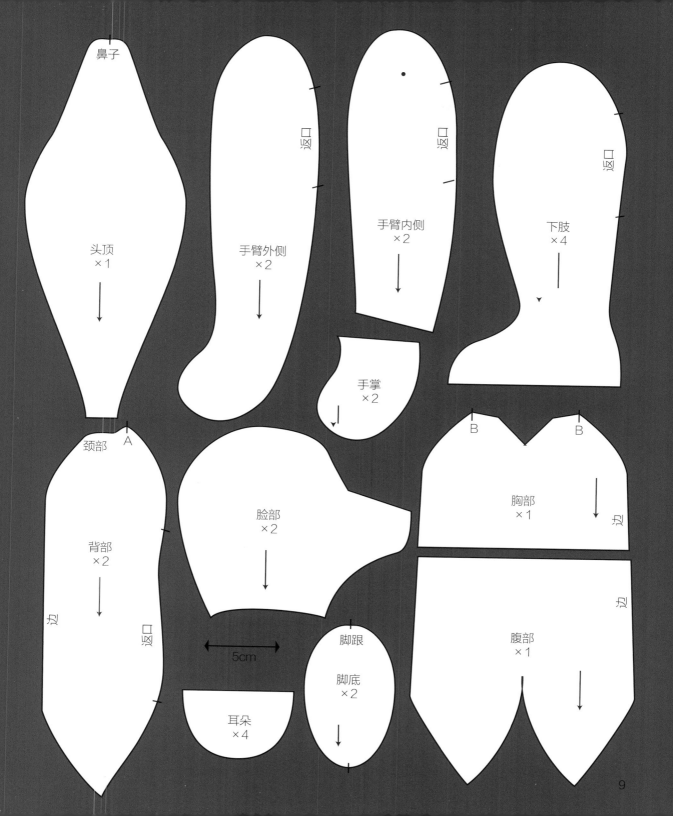

鼻子

头顶
×1

手臂外侧
×2

返口

手臂内侧
×2

返口

下肢
×4

返口

手掌
×2

颈部　A

背部
×2

边

返口

脸部
×2

5cm

脚跟

脚底
×2

耳朵
×4

B　　B

胸部
×1

边

腹部
×1

边

9

苏格兰布格兔

材料

4块粉色大手帕和1块蓝色大手帕
缝线
绣线
平绒布
填充棉

制作

放大纸样（12~13页）。

裁剪纸样。

按照需要的份数剪裁粉色手帕，增加1cm缝份：头部侧面、头部中间、耳朵、身体前面、身体侧后面、手臂、腿、脚面、尾巴等。蓝色手帕：裁剪两块耳朵和两块脚底。

手帕不分正反。

沿着1cm缝份外围线缝合。

将身体前面和两块身体侧后面缝合。

将两块身体侧后面缝合。

缝合身体下部边缘。

翻面。填充。预留颈部开口。

从鼻尖开始缝合头部侧面和头部中间，预留返口。

翻面。绣出眼睛和口鼻。填充，缝合返口。

用藏线缝把头部缝合到身体上。

用平绒布裁剪出四块耳朵。

将一块蓝色耳朵、一块粉色耳朵和两块平绒布耳朵重叠。缝合其周边并预留上部返口。

修剪折边。翻面。

将上部返口边折出一个小褶边，然后缝合耳朵。

将每个手臂的两部分缝合，上部预留返口。

翻面。填充。

缝合腿和脚面。

缝合脚面和脚底。

将腿部对折。缝合宽边。

翻面。填充。

手臂上部和腿部折出一个小褶边。缝合到身体上。

饰带：剪裁出两块布条，重叠缝合，预留返口。翻面。缝合返口。围绕在颈部。

尾巴：缝合周边并预留上部返口，翻面。填充。缝合到后面。

苏格兰布格兔（续）

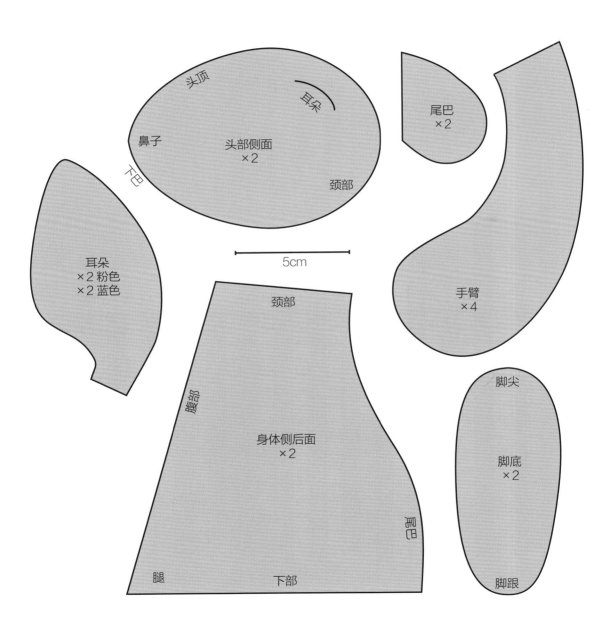

头顶

耳朵

鼻子

头部侧面
×2

下巴

颈部

尾巴
×2

耳朵
×2 粉色
×2 蓝色

5cm

手臂
×4

颈部

腹部

身体侧后面
×2

脚尖

脚底
×2

腿

下部

尾巴

脚跟

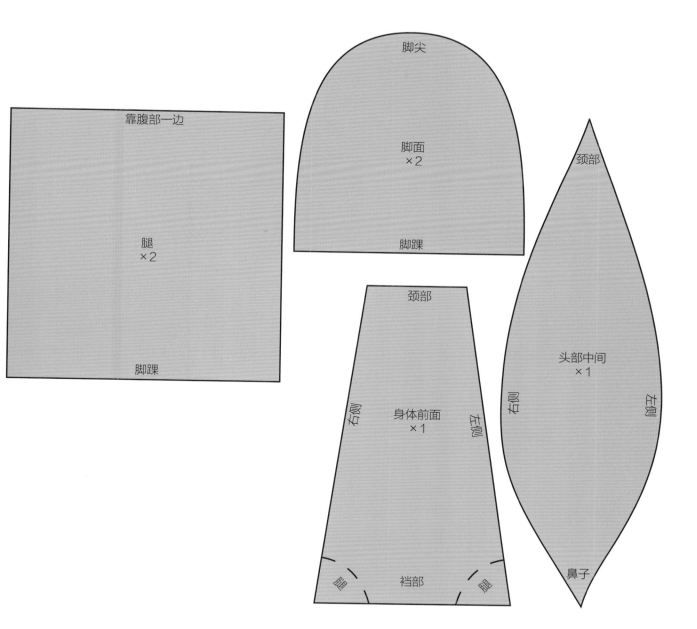

靠腹部一边

腿
×2

脚踝

脚尖

脚面
×2

脚踝

颈部

头部中间
×1

右侧

左侧

鼻子

颈部

右侧

身体前面
×1

左侧

腿

裆部

腿

小熊夫妇

材料

浅米色棉布
各种花布
黑色玻璃眼睛
纽扣
饰带
蕾丝花边
松紧带
粉色绣线
填充棉
缝线

制作

放大纸样（16~17页）。
裁剪纸样。
将纸样用珠针固定在布料反面。增加1cm缝份并裁剪。
布块缝合时正面相对。
将手臂和腿分别两两缝合。
将圆形处剪开牙口并翻到正面。填充。
紧压腿上部缝合腿部。
缝合手臂上部。
从A到B、从C到D将两片脸部缝合。
从C到C缝合口鼻，并将口鼻与脸部缝合。
缝合头后部夹缝。
正面相对将每只耳朵的弧形部分缝合。翻到正面。
将耳朵塞入脸部和头后部之间并缝合。
缝合臀部和背部。
将背部和胸腹部在肩部缝合。
用珠针把手臂和腿分别固定到身体的相应位置。
把腿和手臂分别缝合到位。身体的一侧预留返口。
缝合头部和身体。翻到正面。
从侧面返口处填充头和身体。
缝合返口。
绣出口鼻（见照片）。
将黑色玻璃眼睛缝到位。
用饰带结装饰耳朵。

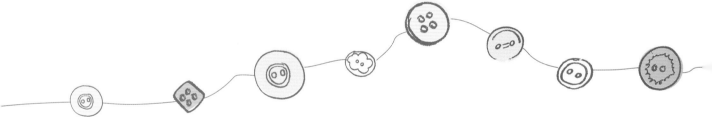

小熊夫妇（续）

裤子

把两片裤子的前后中缝缝合。

缝合裤腿。

将腰部和腿部折边缝合。

将一条松紧带穿入腰部折边内。

在熊太太的裤子下部缝几个褶子。

长袍裙

将长袍裙上部的前后片在肩部缝合。

用碎布头斜裁一段布条来给领口包边。

装上袖子。

缝合袖子和身侧。

将手腕处打褶。

剪裁75cm×20cm的布块做裙子，绕圈与上部缝合，将下部缲边。

将长袍裙套到熊太太身上。缝合背部。

将蕾丝花边打褶，将饰带缝合在上面，围绕颈部固定。

衬衣

将前后片在肩部缝合。

装上袖子。

缝合袖子和身侧。

将袖口和衬衣下摆缲边。

裁剪一块8cm宽、领口长度的长方形布块做领子。对折，正面相对。缝合末端。翻到正面。缝到领口上。

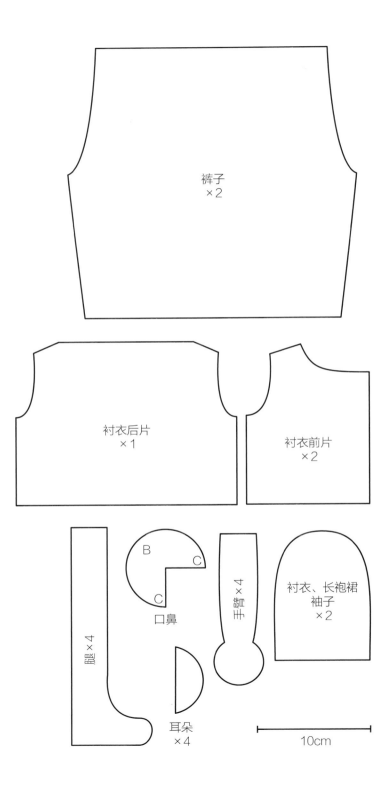

马甲

分别将两块前片重叠，正面相对，缝合领部、侧边和下摆。

翻到正面。

将前后片在肩部、身侧缝合。

将袖口、领口和后片的下摆缲边。

套到衬衣上，用两个纽扣缝合。

蝴蝶结

裁剪一块15cm×6cm的长方形布块。

对折，缝合上部和下部，预留返口。翻到正面。缝合返口。

用同样布料将中间系出褶子。

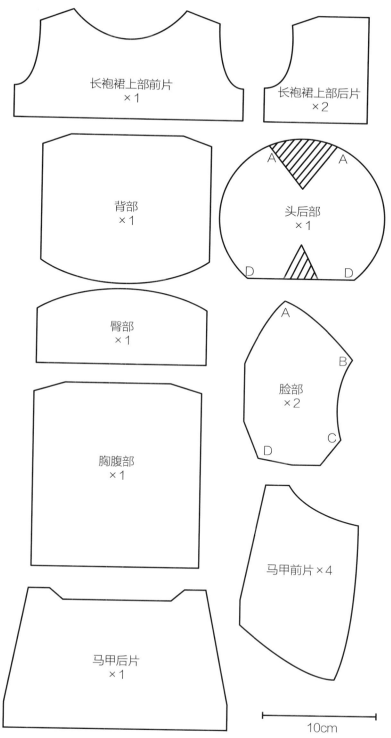

长袍裙上部前片
×1

长袍裙上部后片
×2

背部
×1

头后部
×1

A A

D D

臀部
×1

脸部
×2

A

B

C

D

胸腹部
×1

马甲前片×4

马甲后片
×1

10cm

大熊鸭绒压脚被

材料

天然大麻和亚麻布料
圆点图案呢绒
苏格兰格呢绒
填充棉
黑色玻璃眼睛
荨麻或亚麻线
缝线
绣线

制作

放大纸样（20~21页）。
裁剪纸样。
沿着1cm缝份外围线正面相对缝合。纸样已预留缝份。
背部正面相对，缝合中缝。
缝合两片尾巴布块的弧形部分，剪开牙口并翻到正面。
选择混搭布料，将前腿和后腿分别正面相对两两缝合曲线部分，剪开牙口翻到正面。填充四条腿。
将尾巴和腿正面相对疏缝在背部纸样标注的位置。
背部和腹部正面相对（腿和尾巴在背部和腹部之间），缝合，留下上部返口。
翻到正面。填充身体，不要压实，保持柔软。
从A到E缝合头部侧面的两个布块。
从E到B分别缝合头部侧面和头部中间。翻到正面。
填充头部。
分别缝合两个耳朵的弧形部分。
翻到正面。少量填充。缝合开口。
将耳朵缝到头两侧，缝出一个褶子。
绣出口鼻。
将纽扣缝上作为眼睛。
朝内侧折边，用藏线缝针法将头和身体缝在一起。
用荨麻或亚麻线以毛毯绣法将口袋和贴布缝在背部。

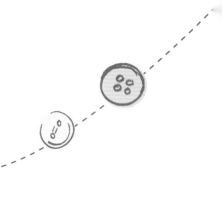

大熊鸭绒压脚被（续）

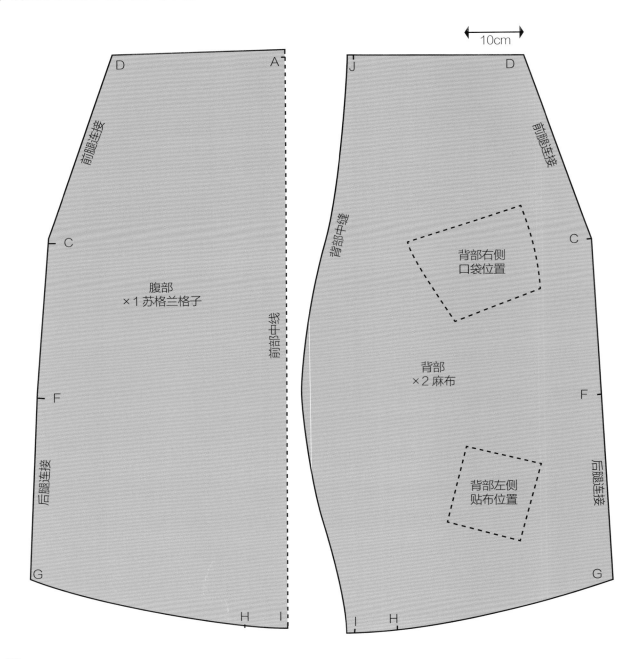

腹部
×1 苏格兰格子

背部右侧
口袋位置

背部
×2 麻布

背部左侧
贴布位置

前腿连接

前部中线

后腿连接

背部中缝

10cm

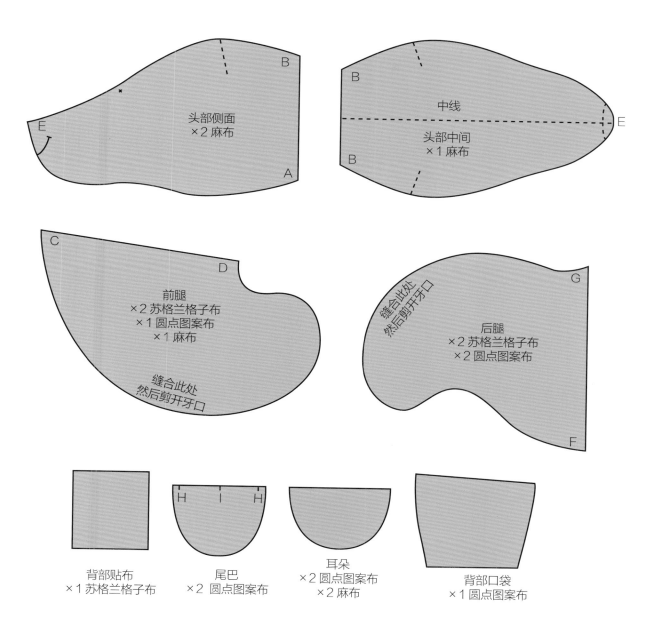

头部侧面
×2 麻布

B

E

A

中线

头部中间
×1 麻布

B

B

E

C

D

前腿
×2 苏格兰格子布
×1 圆点图案布
×1 麻布

缝合此处
然后剪开牙口

G

缝合此处
然后剪开牙口

后腿
×2 苏格兰格子布
×2 圆点图案布

F

背部贴布
×1 苏格兰格子布

H　I　H

尾巴
×2 圆点图案布

耳朵
×2 圆点图案布
×2 麻布

背部口袋
×1 圆点图案布

维西格子熊

材料

旧毛巾
红白维西格子布
绣线
缝线
填充棉

制作

放大纸样（24~25页）。
裁剪纸样。
搭配旧毛巾和维西格子布，将纸样沿着外围描在布料上。
增加0.5cm缝份并裁剪。
将所有布片锁边。
沿着0.5cm缝份外围线缝合，正面相对。
分别将两只耳朵的弧形部分缝合。翻到正面。塞入头部侧面夹角。缝合。使耳朵朝前倾并疏缝。
将头部中间布片分别与两块头部侧面布片缝合。翻到正面。
将两片身体后片缝合，中间部位预留返口。
将两片身体前片缝合。
将身体后片和前片在身侧处缝合。翻到正面。
分别将手掌缝到两个手臂上。
缝合手臂，预留返口。
缝合腿。预留返口。
缝上脚底。翻到正面。
填充所有部件。缝合返口。
缝合头和身体。
用双层锁链绣法将手臂和腿缝到身体上。
用直线绣绣出眼睛和口鼻。
可在脖子上用格子布条等进行装饰。
可刺绣进行装饰。

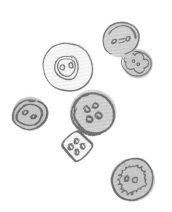

维西格子熊（续）

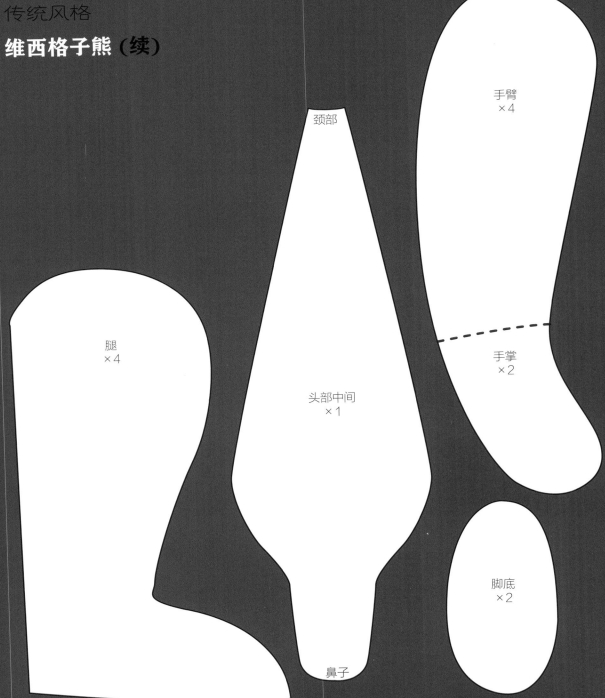

颈部

手臂
×4

腿
×4

手掌
×2

头部中间
×1

脚底
×2

鼻子

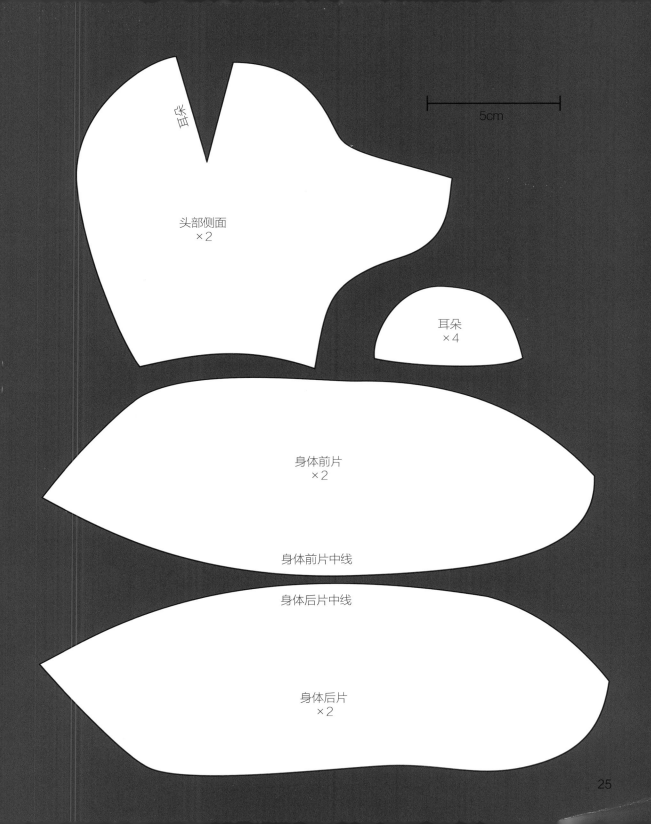

耳朵

头部侧面
×2

5cm

耳朵
×4

身体前片
×2

身体前片中线

身体后片中线

身体后片
×2

25

传统风格

小熊靠枕

材料

直径30cm圆枕芯
天鹅绒
碎布头
绣线
缝线
填充棉

制作

放大纸样（28~29页）。
裁剪纸样。
用天鹅绒布剪裁出直径35cm的圆片（含缝份）。
用碎布头按纸样剪裁出一个口鼻部，两只耳朵和内圆，一只鼻子（每片预留5mm缝份方便折边）。
用回针绣绣出嘴巴，绣出大结粒作为眼睛。
将口鼻部多余布边朝布反面折的同时用藏针缝针法缝在天鹅绒圆形布片正面，留一个小口，塞入一点填充棉，缝合。
同样方式将鼻子缝在口鼻部。
将耳朵的内圆布用同样的方式缝到耳朵布片上。再与另一个耳朵布片正面相对，缝合，预留返口。翻到正面。少量填充。用珠针将其固定在头前部的相应位置处。
沿着2cm缝份外围线将两个35cm的圆片正面相对，缝合，预留返口。
折边剪牙口。翻到正面。
将枕芯塞入后缝合返口。

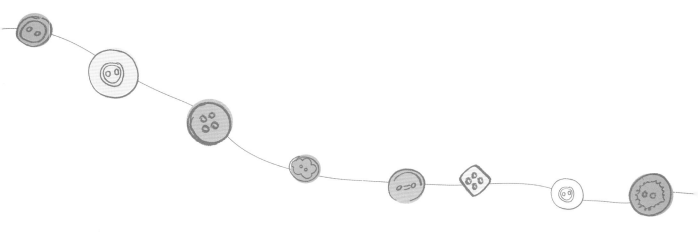

小熊靠枕 (续)

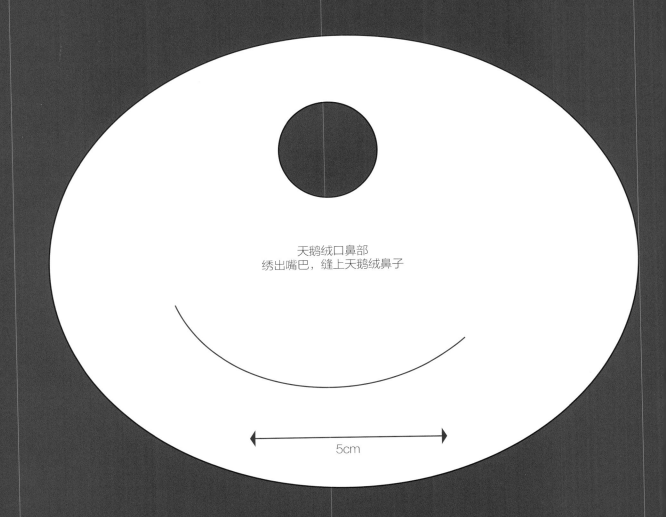

天鹅绒口鼻部
绣出嘴巴，缝上天鹅绒鼻子

5cm

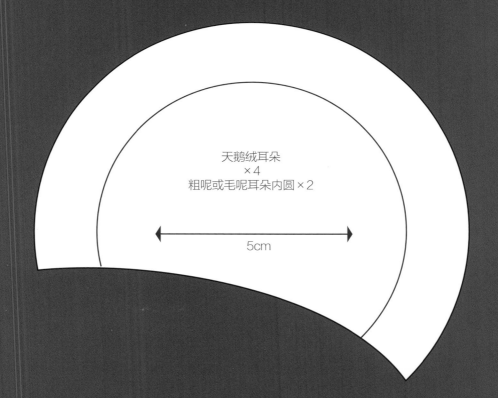

天鹅绒耳朵
×4
粗呢或毛呢耳朵内圆×2

5cm

小熊大厨

材料

米色亚麻布
白色亚麻布
方格抹布
红色维西格子布
里布
中等厚度热胶合布
纽扣
松紧带
缝线
绣线
填充棉

制作

放大纸样（32~33页）。
裁剪纸样。
小熊的部件需增加0.5cm缝份剪裁，衣服的部件需增加1cm缝份裁剪。
用米色亚麻布裁剪：两块头部侧面，一块头部中间，两块耳朵，两块手臂，两块腿，两块身体。
用白色热胶合布裁剪：一块口鼻部位，两块脚底和两块耳朵。
用白色亚麻布剪裁：四块衣服前片和两块后片。
用方格抹布和里布分别剪裁：两块裤子。
用红色维西格子布裁剪出一条围巾。

头部

正面相对，将一块白色耳朵热胶合布片和一块米色耳朵布片缝合。在下边缘留返口。翻到正面。熨平。
将耳朵下部对折，白色朝内，缝在头部中间布片的相应位置。
缝合头部侧面的夹角，然后正面相对缝合在头部中间布片的两侧。
将口鼻布片与头部相应位置正面相对，缝合口鼻下部，以及颈部延伸部位。
翻到正面。熨平。填充口鼻。并在两侧缝一针帮助固定填充棉。
用红线绣出鼻子，棕线绣出眼睛。
填充头部。

身体

将手臂正面相对对折，缝合下边和侧边。
翻到正面。填充至距上边缘1.5cm处，缝合上部。
将腿部正面相对对折，缝合侧边。把脚底缝到下段。
翻到正面。填充至距上边缘1.5cm处，缝合上部。
将身体的两片布料正面相对。将手臂和腿放到对应位置。
缝合身体，预留上部返口。
翻到正面。填充。
用双线密实地将头和身体缝在一起。

小熊大厨（续）

衣服

从肩部和腋窝开始缝合前片和后片。

分别缝制外层和内层。

将两层衣服翻到正面，然后正面相对用珠针将领圈固定。

袖子朝里下垂。缝合（后片下缘预留开口）。

将衣服保持反面朝外，将外层和内层的袖子腕部正面相对缝合。

翻到正面，将内层的袖子放在外层的袖子里。

袖口朝外卷3cm。

将领子熨烫出褶边。

等距离绣出扣眼。

正对扣眼缝上三个纽扣。

裤子

分别缝制抹布裤子和里布裤子。

将两条裤子正面相对套在一起。

缝合裤腿下缘。翻到正面。

裤腰处先折1cm的边，然后再折1.5cm的边。缝合，预留开口。

塞入松紧带，绕圈缝合。

缝合开口。

围巾

三边锁边。

用熨斗烫出0.5cm的折边，缝合。

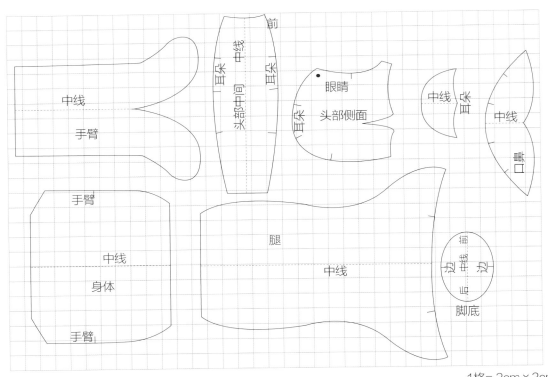

1格= 2cm×2cm

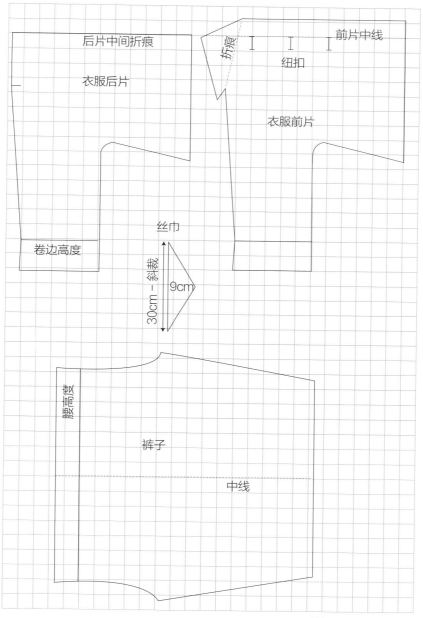

后片中间折痕

折痕

前片中线

衣服后片

纽扣

衣服前片

丝巾

卷边高度

30cm－斜裁

9cm

腰高度

裤子

中线

1格= 2cm × 2cm

圣诞树小鸟挂饰

材料

两块20cm×20cm不同花色的棉布
填充棉
紫色花边
白色花片
一颗紫色圣诞小玻璃球饰品
黑色玻璃眼睛
缝线
绣线
饰带、绒球等装饰物

制作

放大纸样，裁剪纸样。
将纸样放在布料上剪裁出身体和翅膀。
正面相对缝合身体，腹部预留返口。
翻到正面。填充。缝合返口。
同样方式处理翅膀。
背部缝上一个结实的扣襻以便系挂绳。
将翅膀缝到身体两侧。
用直线绣针法绣出鸟喙。
将黑色玻璃眼睛缝上。
将花边环绕在脖子上，缝上花片装饰。
在身体下方缝上装饰物。

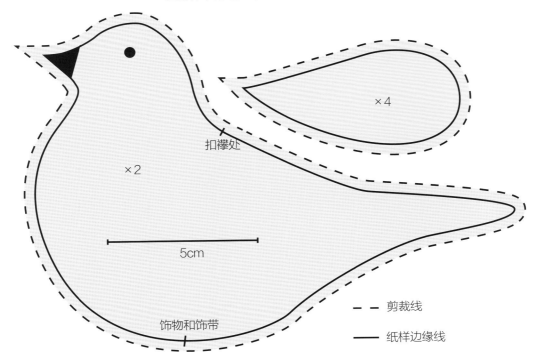

扣襻处

×4

×2

5cm

饰物和饰带

- - - 剪裁线

—— 纸样边缘线

动物靠枕

材料

棉布
碎布头
填充棉
绒布
作为眼睛的珠子或纽扣
绣线
缝线

制作

绵羊靠枕

放大纸样。
裁剪纸样。
对折布料，正面对正面，增加1cm缝份，裁剪出两块绵羊身体。
裁剪出头和腿，增加1cm缝份。
将两块身体正面相对。缝合周边，下部预留返口。剪牙口。翻到正面。填充。缝合返口。
将腿上部和头上部布边朝内折，用珠针固定，用卷针缝针法缝合。
增加缝份，用碎布头裁剪四片耳朵，用绒布裁剪两片耳朵。将两块耳朵布料正面相对，放入一片绒布，缝合周边且预留下部返口，剪牙口，翻到正面，缝合下部返口。
将耳朵缝合在相应位置。将纽扣缝上作为眼睛。

5cm

动物靠枕（续）

小猪、兔子、奶牛和鹅靠枕

放大纸样。

裁剪纸样。

对折布料，正面对正面，增加1cm缝份，裁剪出身体。

裁剪出其他的部件及贴布。

将两块身体正面相对重叠。缝合周边，预留返口。剪牙口。翻到正面。填充。

缝合返口。

参照缝制绵羊耳朵的方式缝制奶牛、小猪和兔子的耳朵。

用卷线缝针法缝上其他部件及贴布。

将作为眼睛的纽扣缝上。

猪尾巴用布料包在扭扭棒上缝制。奶牛的尾巴用布料包裹细短绳缝制，尾端预留绳须。

用黑色绣线，用回针法绣出兔子胡须。

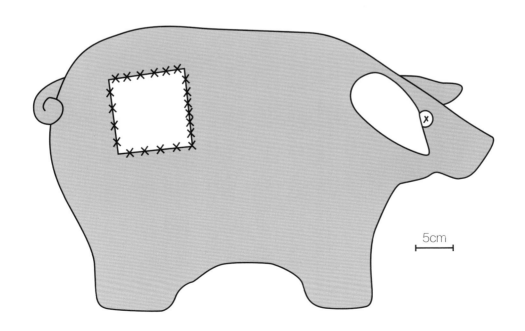

5cm

5cm

5cm

5cm

巨熊

材料

2个旧的大饲料布袋子或厚布料
填充棉
两颗作为眼睛的纽扣
缝线
棕色毛线
亚麻细绳
方格薄纸

制作

用方格薄纸放大纸样（42~43页）。
裁剪纸样。
用珠针将纸样别在布料上。
增加1cm缝份，沿着缝份外围线剪裁。

头

将布料正面相对缝合楔形缺口（参考43页纸样）。
将头部侧面和头部中间正面相对，缝合，在鼻子顶端打结。
从鼻子到脖子，将头部侧面缝合。
翻到正面。填充头部。
缝合，用亚麻细绳将脖子部位缝出褶子。
将鼻子布片的缝份朝内折，缝到头部相应位置。
缝上作为眼睛的纽扣。
用棕色毛线和平针绣法绣上嘴巴。
把耳朵分别两两正面相对缝合，预留底部返口。剪牙口。翻到正面。少许填充。将底部缝份朝内折并缝合。弯曲耳朵将其缝在头部相应位置。

身体

缝合楔形缺口（参看43页纸样）。
将两片身体正面相对缝合，颈部边缘不缝合。
翻到正面。填充。
用亚麻细绳将脖子部位缝出褶子。

腿

将腿部的布片分别正面相对缝合，下边缘从C点到D点不缝合。
腿后部留下返口。
对应标记与脚底缝合。
剪牙口。翻到正面。填充。
用亚麻细绳缝合开口。

传统风格

巨熊 (续)

手臂

将手臂的布片分别正面相对缝合，在后部预留返口。
剪牙口。翻到正面。填充。
用亚麻细绳缝合返口。

将各部分缝合在一起。

1格 = 2cm × 2cm

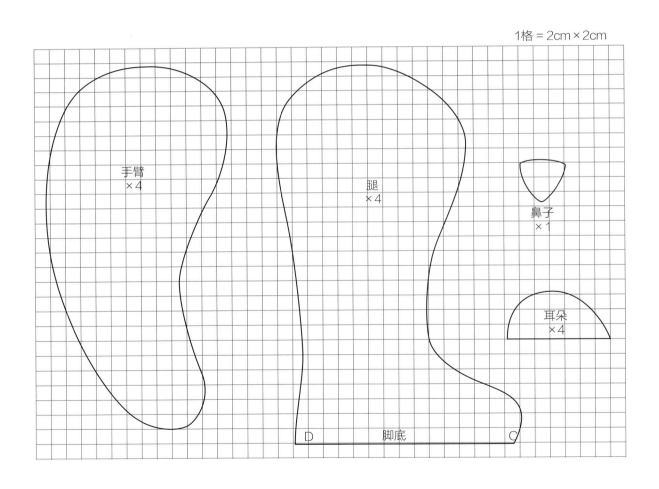

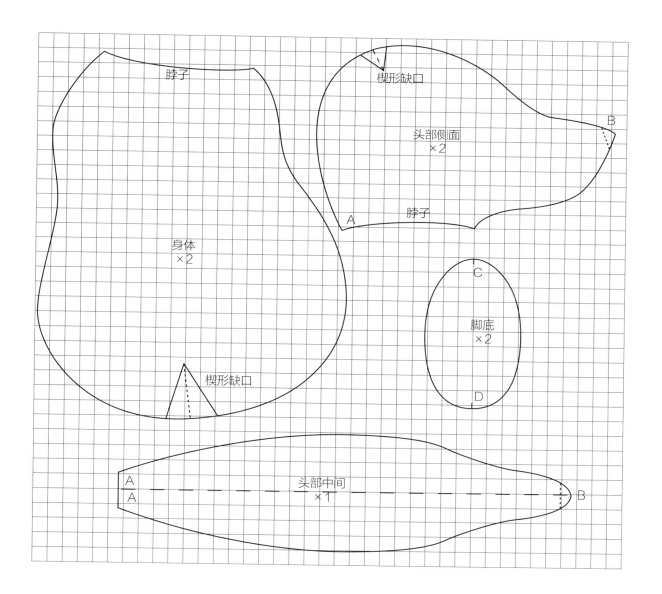

脖子

楔形缺口

头部侧面
×2

B

脖子

A

身体
×2

楔形缺口

C

脚底
×2

D

A
A

头部中间
×1

B

彩色
诙谐风格

彩色诙谐风格

复活节兔子

材料

一对针织手套（羊毛或棉质）
缝线
填充棉
纽扣
饰带

制作

手套翻到反面。
头部：平行缝合中指底端。垂直方向缝合拇指底端和小指边缘。
身体：平行缝合中指和无名指底端，然后垂直缝合拇指底端。
齐根裁剪手指。
对折头，将两只剩下的手指重叠。缝一针形成口鼻，然后垂直往下缝（参见48页纸样2）。
将身体翻到正面。填充。
填充两只剪下来的中指作为手臂。
把剪下来的无名指剪短，填充，作为尾巴（或者用绒球做尾巴）。
用结实的缝线将剪裁的边缘缝合，使劲拉紧并打结。
将头部翻到正面并填充。
将手臂和尾巴缝合到身体对应位置。
将脖子塞入身体上部，牢固缝合。
缝出或者绣出眼睛、鼻子、肚脐、耳朵、胡须等。
将饰带围绕在脖子上。

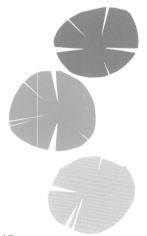

复活节兔子（续）

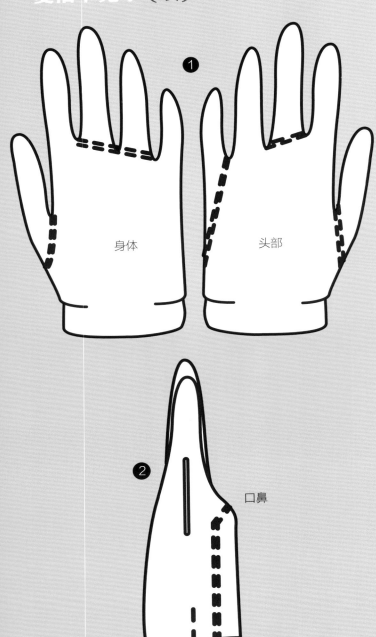

① 身体　头部

② 口鼻

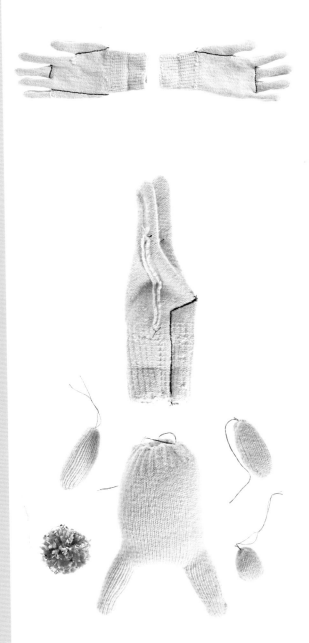

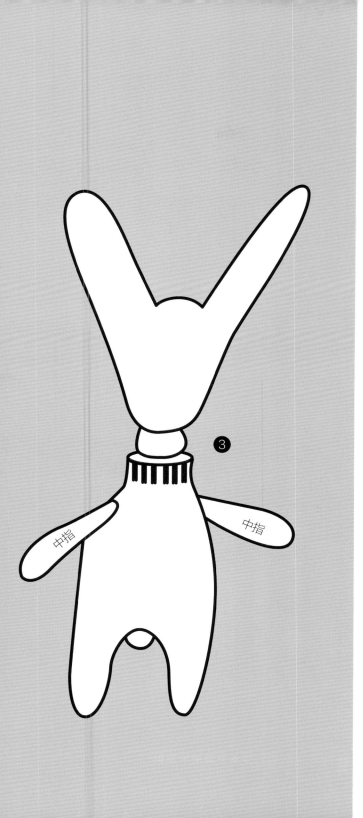

③

中指 中指

彩色诙谐风格

快乐的小鸟

材料

毛料碎布头
棉布
毛巾
缝线
细绳
填充棉

制作

放大纸样。
裁剪纸样。
比照纸样裁剪各部件：主体部分增加1cm缝份，其他部分沿着纸样边缘裁剪。
分别将两块翅膀、腿、嘴反面相对，沿着边缘按照Z字形缝合。
将眼睛和腹部沿着边缘按照Z字形缝在主体前片相应的位置。
将嘴的中间缝在头部。
用几针缝出瞳孔。
将两片主体正面相对重叠，将翅膀和腿塞入两片之间。将一个绳环塞入两片之间的头顶部位。缝合边缘。在头侧预留一个返口。
翻到正面。填充。
缝合返口。

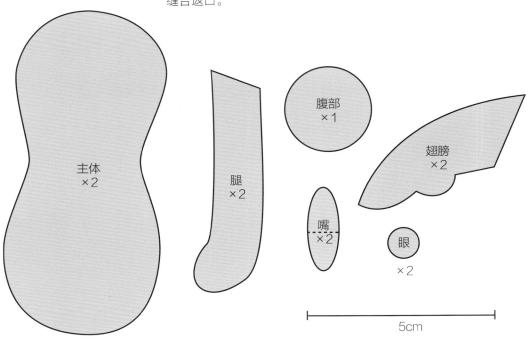

主体
×2

腿
×2

腹部
×1

嘴
×2

翅膀
×2

眼
×2

5cm

乳牙熊

材料

蓝色毛料和灰色毛料

格子毛料

米白色毛料

缝线

绣线

1个纽扣

松紧带

填充棉

制作

放大纸样（54~55页）。

裁剪纸样。

分别用蓝色和灰色毛料，沿着0.5cm缝份外围线裁剪出身体、头、耳朵、手臂和腿。

沿着纸样的边缘用格子毛料裁剪口袋部分，然后增加缝份剪裁出翻盖。

沿着纸样的边缘，用灰色毛料裁剪出口鼻部位，用米白色毛料裁剪出眼睛。

用轮廓绣针法将口袋缝到身体的蓝色布料上。

将纽扣缝到口袋上。

两片口袋翻盖正面相对，在顶端夹入松紧带做扣襻，沿着0.5cm缝份外围线缝合，预留返口。翻到正面。缝合返口。

将翻盖置于口袋上，缝合。

将口鼻部位、眼睛缝到头部蓝色布片上。

用蓝色绣线以直线绣针法绣出眼珠、鼻子、嘴巴。

分别正面相对（蓝色与灰色）缝合两片手臂、腿、耳朵，预留末端返口。

翻到正面。填充手臂和腿。

将两片身体正面相对，在两片布之间塞入手臂和腿。

缝合周边，预留侧面返口。

翻到正面。填充身体。缝合返口。

将两片头部正面相对，在两片布之间塞入耳朵。

缝合周边，预留侧面返口。

翻到正面。填充头部。缝合返口。

把头和身体缝合。

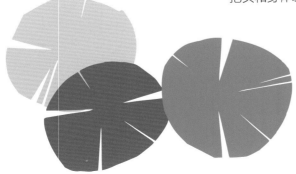

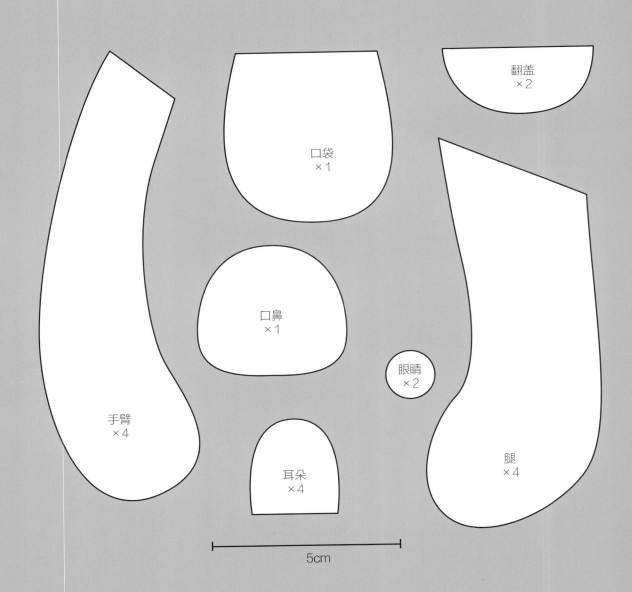

翻盖
×2

口袋
×1

口鼻
×1

眼睛
×2

手臂
×4

耳朵
×4

腿
×4

5cm

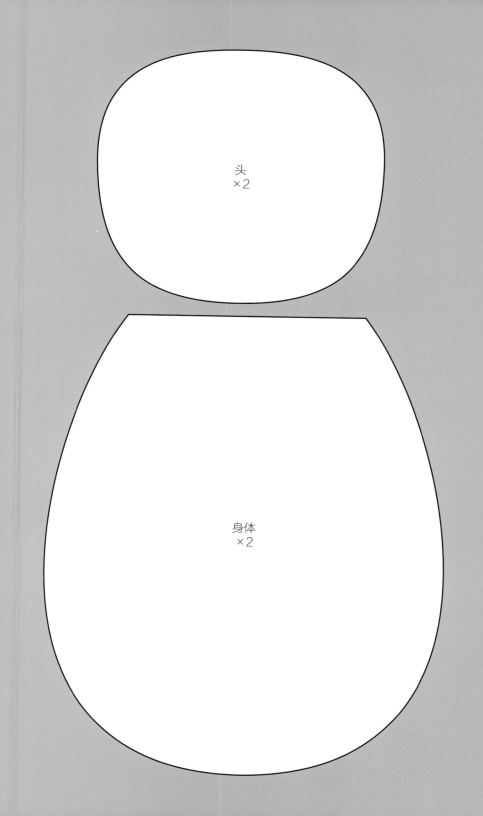

头
×2

身体
×2

彩色诙谐风格

红色长颈鹿

材料

红色、绿色、蓝色等碎布头
缝线
绣线
两颗银色珠子
填充棉
黄色、红色、绿色毛绒球

制作

放大纸样（58~59页）。
裁剪纸样。
用珠针把纸样别在布料上。
头、身体和背部：沿着1cm缝份外围线裁剪。
嘴：沿着0.5cm缝份外围线裁剪。
翅膀：沿着纸样边缘裁剪，折边处留1cm缝份。
脖子：裁剪1块17cm×7cm红色四方形布块。
腿：裁剪2块9cm×5cm的绿色布料。
尾巴：裁剪5cm×6cm的1块红色四方形布料和1块蓝色四方形布料。
尾巴羽毛、头冠、爪子：裁剪12块不同颜色的3cm×4cm的四方形布块。
挂绳：裁剪一个40cm×2cm的布条。

除了明确注明外，将所有布片沿着边缘外1cm缝份外围线正面相对缝合。
头冠：将三块布料分别卷成3cm长的圆棒。用卷针缝针法缝合。
头：将两块头部布片缝合，预留脖子部位返口。翻到正面。
脖子：缝合布片的长边。翻到正面。
身体：将两块身体布片与背部布片缝合，并使末端形成尖状。缝合腹部。预留脖子部位返口。翻到正面。
腿：缝合布片的长边。翻到正面。
尾巴：将两块四方形布料缝合。预留边缘5cm长的返口。翻到正面。

填充头部、脖子、身体、腿、尾巴。

彩色诙谐风格

红色长颈鹿 (续)

缝合尾巴的返口。

将脖子一端塞入头部，一端塞入身体。牢固缝合。

如同头冠一样制作6个爪子，不同的是末端为尖状。

将每条腿的一端朝内折0.5cm，将3个爪子呈扇形缝在这一端。

将腿缝在身体两侧。

如同头冠一样制作3个尾巴羽毛，和尾巴一起缝在身体后面。

翅膀：用红色碎布头斜裁50cm×1.5cm布片。每个长边折0.5cm边，然后反面相对折叠。将蓝色和绿色的翅膀布片反面相对重叠，用红色斜裁布条包边。除了有折边的边缘，都用骑马针法缝合。少量填充翅膀。一共制作两只翅膀。折入缝份，将翅膀缝合在身体两侧。

嘴：沿着两块布料边缘0.5cm缝合，预留返口。翻到正面。缝合返口。沿着折痕线将嘴缝合在头前部。

眼睛：剪裁直径为2cm的蓝色圆片。整个边缘折一个小边，塞一点填充棉，分别缝在头部两侧。从中间到边缘，用卷线绣法绣一圈。将银色珠子缝在眼睛中间。

用直线绣法绣出星星来装饰头部。

用人字绣法来装饰脖子。

颈项圈处用订线绣法绣出领饰。

裁出身上、翅膀上的装饰图案，用珠针固定在对应位置，然后用颜色反差较大的绣线以订线绣法缝合图案的边缘。

将绒球缝在头部和尾巴的羽毛末端。

沿着挂绳布条长边折一条小边，然后反面相对折叠。用卷针缝针法缝合。将挂绳一端牢固固定在头后部，另一端牢固固定在尾巴上方部位。

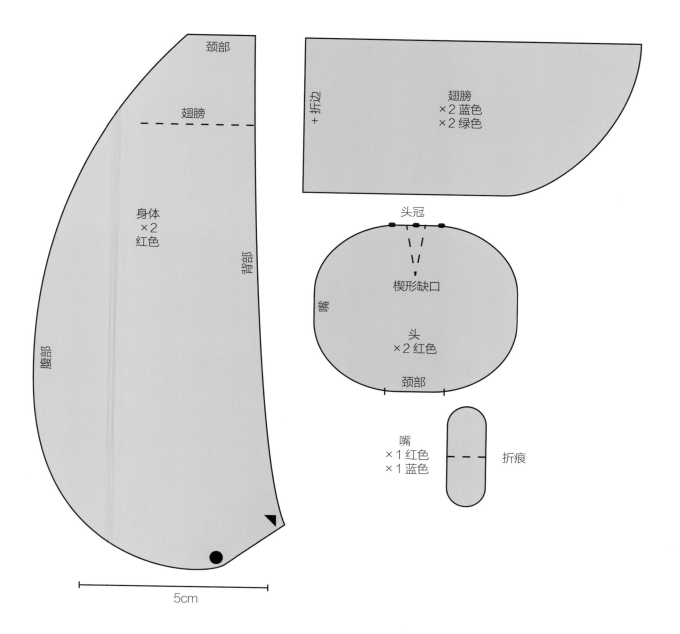

颈部

翅膀

翅膀
×2 蓝色
×2 绿色

+ 折边

身体
×2
红色

背部

腹部

头冠

楔形缺口

嘴

头
×2 红色

颈部

嘴
×1 红色
×1 蓝色

折痕

5cm

59

机灵兔

材料

零碎布头
花边和饰带
缝线
花式纱线
纽扣
填充棉
颜料
细绳
零碎木条
记号笔
无色蜡
画框挂钩
别针
扁平小盒子
旧纸张
胶水

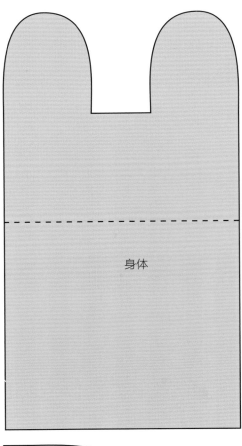

制作

放大纸样到需要的尺寸。
剪出纸样。
将纸样用珠针固定到两块反面相对的布料上，避免其移动。画出轮廓线。沿轮廓线剪裁。
在距轮廓线4mm处缝合，留个开口。
稍微填充后缝合开口。
将所有布片周边用花式纱线锁边。用直线绣法绣出爪子。
用卷针缝法将腿和手臂缝合在相应位置。
用直线绣法绣出眼睛和口鼻。
添加胡须，并打结固定。
给脸颊涂色。
用细小针脚将花边、饰带、纽扣等缝上。
用零碎木条做出标签牌。涂色并晾干后，用记号笔写下祝福语。
钻一个洞，用细绳穿过小洞将标签牌固定。
将旧纸张铺在扁平盒子里，用胶水粘上。着色，涂上无色蜡。后面安上挂钩。放入小兔子。
制作无手臂的兔子胸针：在底端添加布条。将别针缝在背后。

小熊零钱包

材料

毛料和布料布头
缝线
绣线
3个纽扣
细绳

制作

放大纸样（64~65页）。

裁剪纸样。

按照标注份数沿着0.5cm缝份外围线裁剪出布片。

所有布片缝合时正面相对，沿着边缘0.5cm处缝合。

分别将耳朵、腿、手臂的布片两两缝合，预留返口。翻到正面。

将身体前片的A和B两部分分别缝合，预留返口。

将3个绳扣塞入A部分的两块布片的返口，然后缝合。翻到正面。熨平折痕。

将纽扣对应着绳扣位置缝到B部分上。

将头部的两个布片分别缝合到身体后片和前片的上边缘。

在面部绣出眼睛、鼻子和嘴巴。

将连在一起的身体和头部的前后片正面相对重叠，在两片之间塞入耳朵、手臂和腿。缝合周边。

翻到正面。

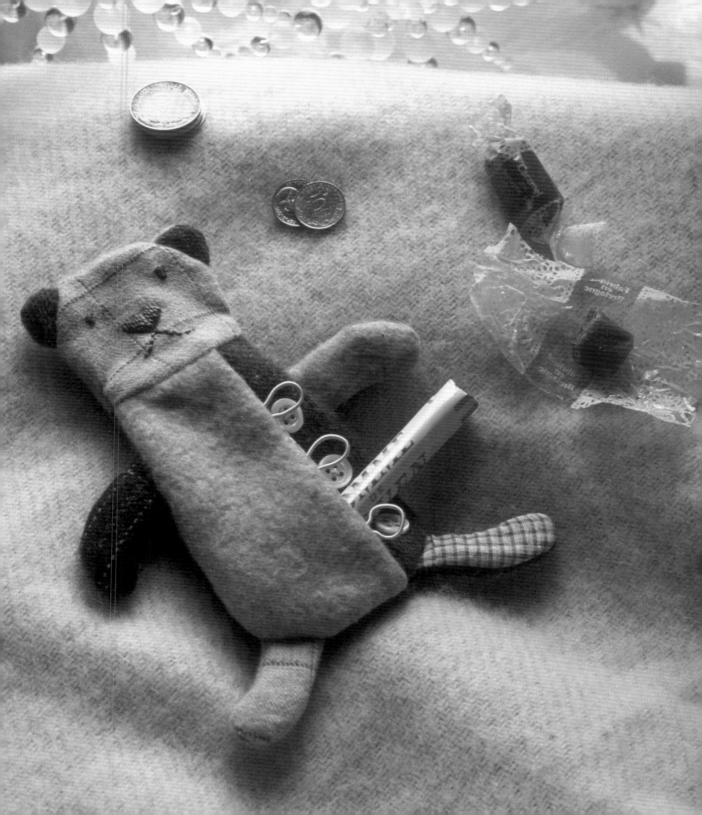

小熊零钱包 (续)

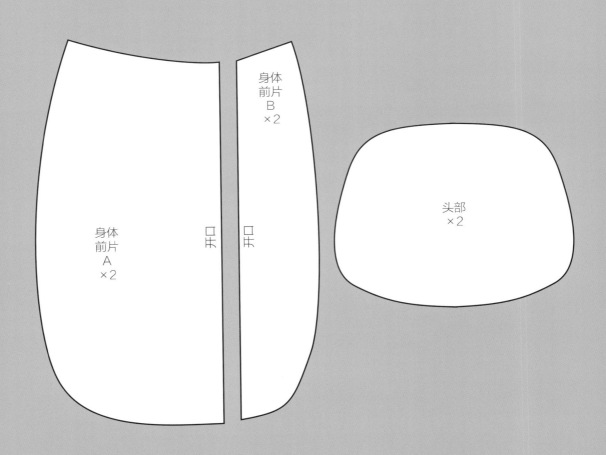

身体
前片
B
×2

身体
前片
A
×2

口

口

头部
×2

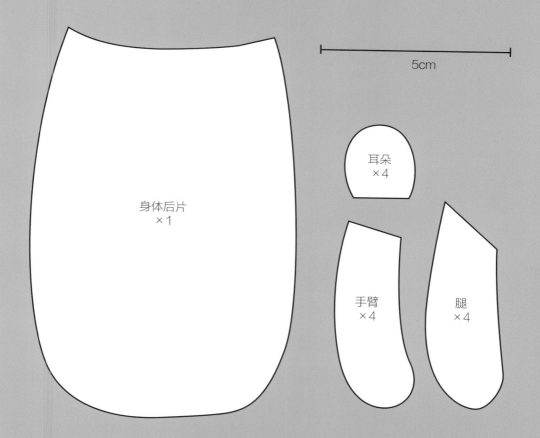

5cm

身体后片
×1

耳朵
×4

手臂
×4

腿
×4

彩色诙谐风格

蓝色大狗

材料

印花布料
纯色、格子等碎布头
填充棉
薰衣草
缝线

制作

放大纸样（68~69页）。

裁剪纸样。

用珠针将纸样固定到布料上。

沿着边缘1cm剪裁。

用印花布料裁剪：2片身体，4片前腿，2片后腿整片，2片后腿内侧。

用格子布料剪裁：4片耳朵，1条8cm×170cm布条A，2条5cm×95cm布条B，2条5cm×115cm布条C。

分别正面相对缝合两只耳朵的布片，上端留出返口。翻到正面。用珠针将耳朵固定在头两侧。

珠针固定，根据部位调整长度，将布条A正面相对缝合到一片身体上，参看69页纸样。同样方式把布条A与另一片身体缝在一起。（注：样品图中的布条A分成了印花布料和格子布料两部分，看起来整体性更好。）

缝合两片身体的背部和尾巴周边（还是正面相对），背部预留返口。翻到正面。放入填充棉和薰衣草。缝合返口。

将布条B正面相对，分别与两片前腿缝合在一起，预留返口。翻到正面。填充。

将布条C正面相对，分别与后腿的整片和内侧片缝合在一起。后腿底端仅有一层布料厚度。翻到正面。填充。

将前腿牢固地缝合到格子布条以及身体的凹陷部位。

将后腿外侧缝到对应位置。填充腿上部。将后腿内侧缝到布条上。

用纯色棉布裁剪出一个八边形，将周边折一个小边，然后用藏针缝针法缝到口鼻部位。

可以对颈部进行装饰。

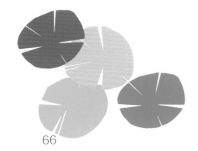

蓝色大狗 (续)

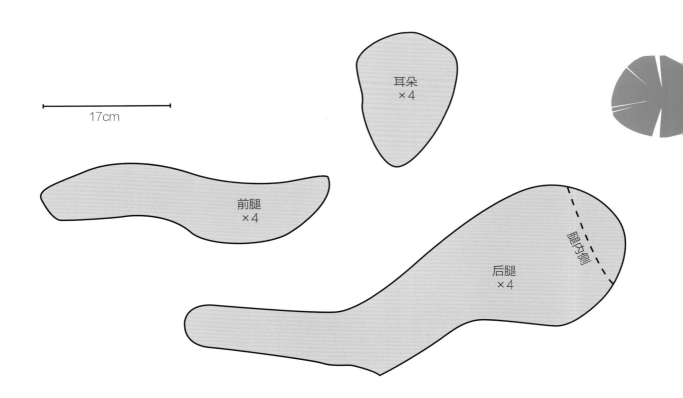

耳朵
×4

17cm

前腿
×4

后腿
×4

腿内侧

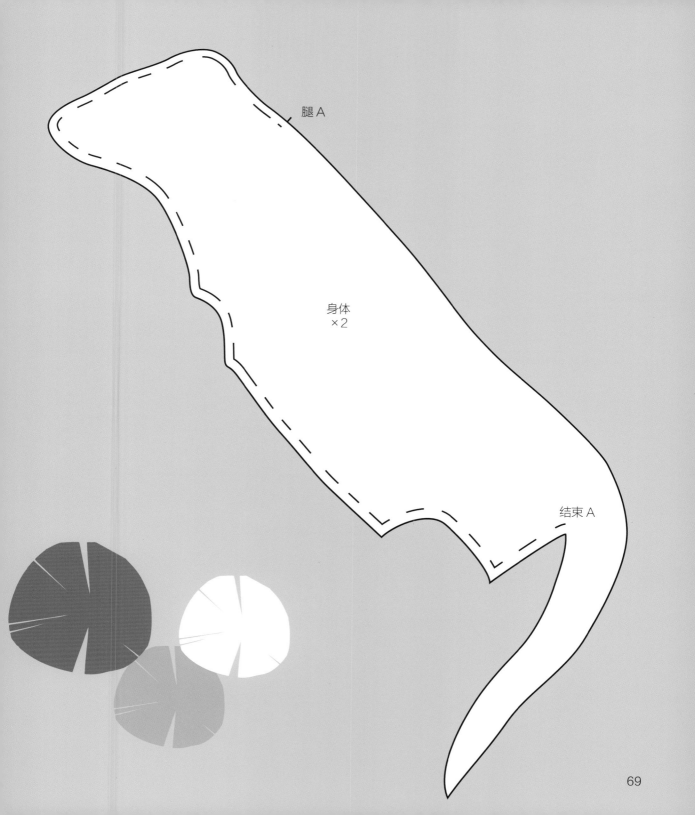

腿 A

身体
×2

结束 A

小熊挂饰

材料

棉布
饰带
缝线
填充棉

制作

放大纸样。
裁剪纸样。
用珠针把纸样别在正面相对重叠的布料上。预留1cm缝份并剪裁。
缝合周边，预留返口。
翻到正面。少量填充。
缝合返口。
用饰带在颈部打一个蝴蝶结，并缝上一段饰带提起小熊。

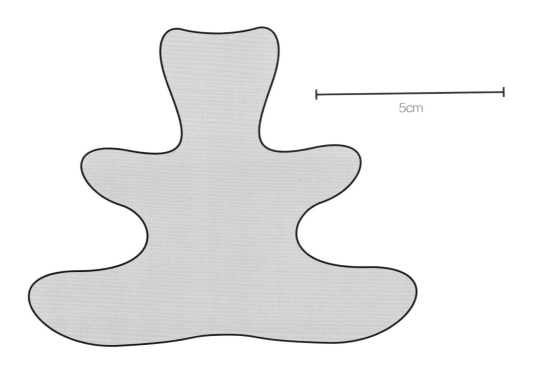

5cm

布头动物饰品

材料

多种颜色和材质的碎布头
缝线、绣线、毛线
铁丝
粘布料用的胶水
纽扣
填充棉

制作

根据颜色、材质、大小、布料松紧等来分拣碎布，以方便选取搭配。
可以对这些布头进行加工：重新裁剪，绣花，添加珠饰、亮片、饰带，或者打褶等。

分别剪一段铁丝作为猫、狗的手臂和腿，必须足够长，确保可以穿过身体。
将布头粘上，缠绕并缝在铁丝上。
分别裁剪两块相同形状的布片作为身体、头、耳朵。

身体：将手臂和腿塞入两块布料之间，缝合，预留返口。翻到正面。填充，缝合返口。
耳朵：将两只耳朵缝合，预留返口。翻到正面。填充。
头：将头部缝合，预留上部的返口。翻到正面。将缝合好的两只耳朵放入头上部两块布料之间。填充，缝合。
将头和身体缝合。
用喜欢的布头制作衣服。

自然风格

自然风格

亚麻小熊

材料

一块旧亚麻布单子
青瓷色染料
碎棉布头
填充棉
4个白色珠光纽扣
2个黑色玻璃眼睛
亚麻线
细绳
棕色绣线

制作

亚麻布单过水后悬挂晾干，熨平。

放大纸样（78~79页）。

裁剪纸样。

用珠针把纸样别在碎棉布头上，沿着7mm缝份外围线裁剪出：2片手掌，2片脚底，1片耳朵。

同样在亚麻布上裁剪出2片手臂外侧，2片手臂内侧，2片身体前片，2片身体后片，1片头部中间，2片头部侧面，4片腿和3片耳朵。

分别将两片耳朵正面相对，缝合弧形部分，留下底端开口，翻到正面。

分别将两片腿正面相对，缝合弧形部分，留下返口。把脚底与腿下端缝合，翻到正面。

将两片身体前片正面相对，缝合。将两片身体后片正面相对，缝合并留下返口。将身体前片和身体后片正面相对，缝合。翻到正面。

将手掌缝到手臂内侧末端，然后正面相对缝合手臂的内侧和外侧。留下返口，翻到正面。

填充手臂和腿。缝合返口。

将头部中间与2个侧面分别正面相对，缝合。缝合下巴。翻到正面。

填充身体和头。将耳朵下部弯曲并缝在对应位置上。

缝上黑色玻璃眼睛。绣出口鼻。

将头缝在身体上。

将手臂上端疏缝在身体两侧。将大号缝针穿上细绳，从肩膀处入针，然后穿过身体和手臂。穿过一个纽扣，然后再入针纽扣，反向再次穿过身体。第二个臂膀同样加上纽扣缝合，牢固地在臂膀下打结以便隐藏线结。

同样方式缝合腿。用亚麻线以直线绣法绣出爪子。

可以用布带装饰脖子。

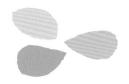

亚麻小熊 (续)

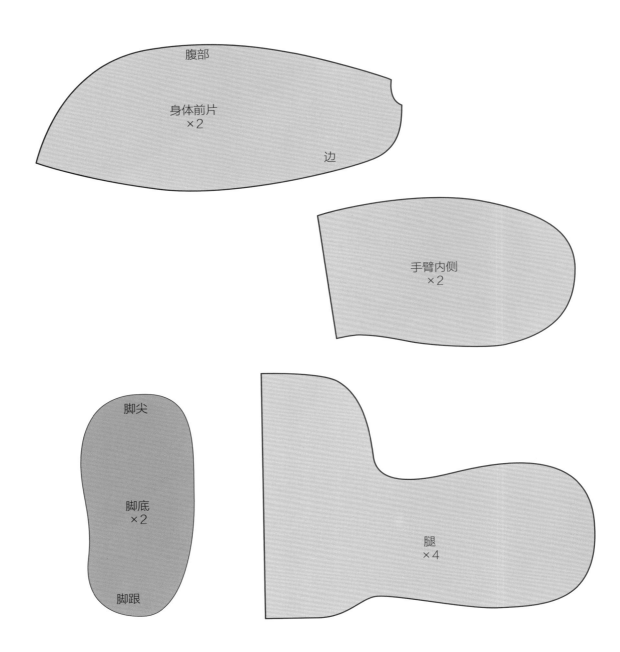

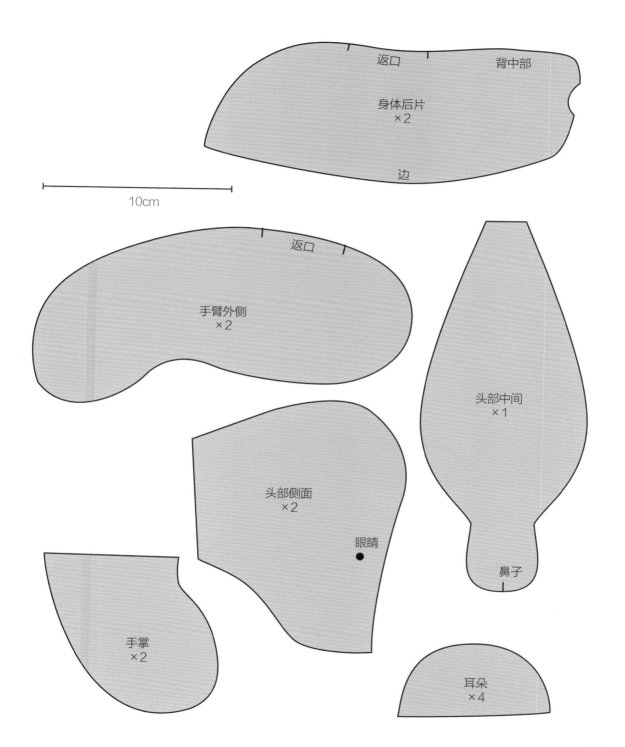

返口　　　　背中部

身体后片
×2

边

10cm

返口

手臂外侧
×2

头部中间
×1

头部侧面
×2

眼睛

鼻子

手掌
×2

耳朵
×4

自然风格

抹布老鼠

材料

米白色密织布
格子棉布
毛料
填充棉
缝线
绣线
纽扣

制作

放大纸样（82~83页）。
裁剪纸样。

老鼠纸样周边增加几毫米缝份，裁剪布片。
布片缝合时一般都是正面相对，比较窄的部件可以先朝里折出一个小边，然后反面相对缝合。
缝合头部，把两片侧面分别和中间的布片缝合。缝合下巴。翻到正面。填充。
沿着折痕折叠耳朵，缝合耳朵周边，预留返口。翻到正面。缝合返口。
沿着折痕折叠手臂和腿，缝合，预留返口。翻到正面。填充。缝合返口。
将手臂末端塞入身体两侧上端并缝合身体的两部分。预留下边返口。
翻到正面。填充。
将腿塞入身体下端，缝合。
将头和身体缝合。
将尾巴的两部分缝合。将尾巴缝合到身体后面下端。
将耳朵缝合在头两侧。
用黑色绣线以直线绣法绣出脚趾、手指、口鼻和眼睛，可加上胡须装饰。

裤子：沿着纸样边缘裁剪出裤片和口袋。从A到B将两个布片缝合来，预留塞入尾巴的开口。然后从C到D（或从E到D）缝合。缝合裤腿。有口袋的款式在前面两侧各缝合一个口袋。裁剪两条1cm×10cm（有上围的背带裤为1cm×7cm）的布条，与裤子缝合，并用纽扣装饰。
衬衣：将前后片在肩膀处缝合。将袖子缝在袖笼处。缝合袖子和衣侧。将领子中部和后领对齐后，正面和反面相对来缝合领子直边和领圈以及前片布边。将领子翻转到正面。将领子朝布反面折一个小边，保持领子翻转，并在前片边缘缝出折边。
长围巾：裁剪适当尺寸的布料，可将末端做出流苏，围在脖子处。

抹布老鼠 (续)

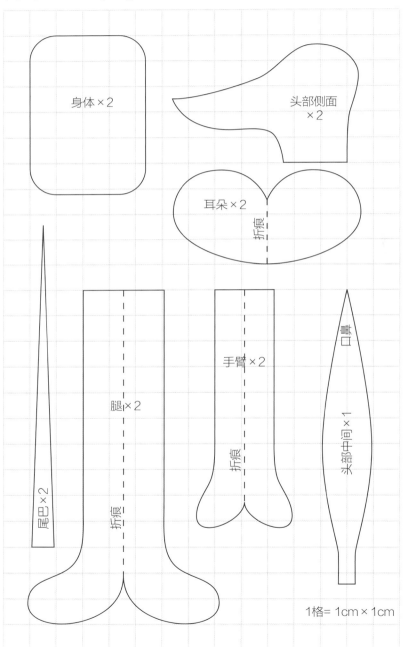

身体×2

头部侧面
×2

耳朵×2

折痕

尾巴×2

折痕

腿×2

折痕

手臂×2

折痕

口鼻

头部中间×1

1格= 1cm × 1cm

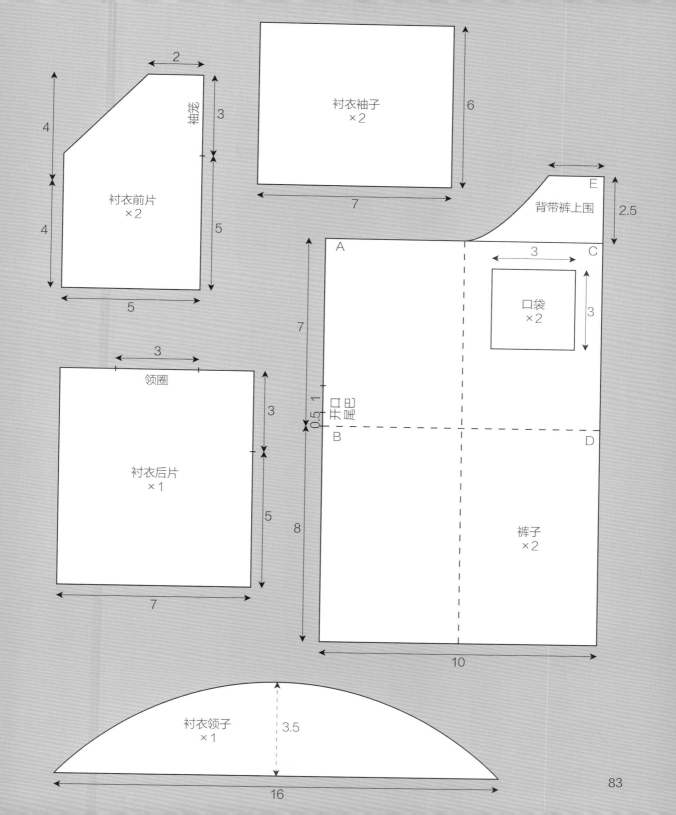

衬衣前片
×2

2

4

3

袖笼

4

5

5

衬衣袖子
×2

6

7

背带裤上围

E

2.5

A

C

3

口袋
×2

3

7

0.5 1

开口
尾巴

B

D

领圈

3

3

衬衣后片
×1

3

5

5

7

8

裤子
×2

10

衬衣领子
×1

3.5

16

83

拼布小熊

材料

印花棉布料
填充棉
缝线
2个黑色玻璃眼睛
饰带

制作

放大纸样（86~87页）。
裁剪纸样。
准备好所用拼布布片，熨平。
用珠针将纸样别在布料反面，沿着纸样边缘，增加0.5cm缝份裁剪。
按照纸样上的数字将布片正面相对缝合（参看86~87页）。
缝合耳朵两块布片的圆弧边。翻到正面，少量填充，疏线缝合下端。
将眼睛缝到脸部侧片相应的位置。
疏线将耳朵缝到脸部侧片的相应位置。
将脸部侧片和后脑侧片缝合。
将鼻子缝到脸部中片的相应位置。
缝合脸部中片和后脑中片。
把缝在一起的头部中片分别与侧片缝合，预留填充开口。
缝合口鼻部下部。
将身体前片缝合。
将身体后片编号7下部的弧形缝合。
将身体前片和后片在手臂下、裆部、肩部缝合。
缝合手臂侧边，翻到正面，缝合到身体上。
缝合腿的侧边，缝合脚底，翻到正面，缝合到身体上。
把头部与身体缝合。
填充。
缝合开口。

注：纸样上的一个布片还可以由更小的布片拼起来，可参考右图的成品。

拼布小熊
(续)

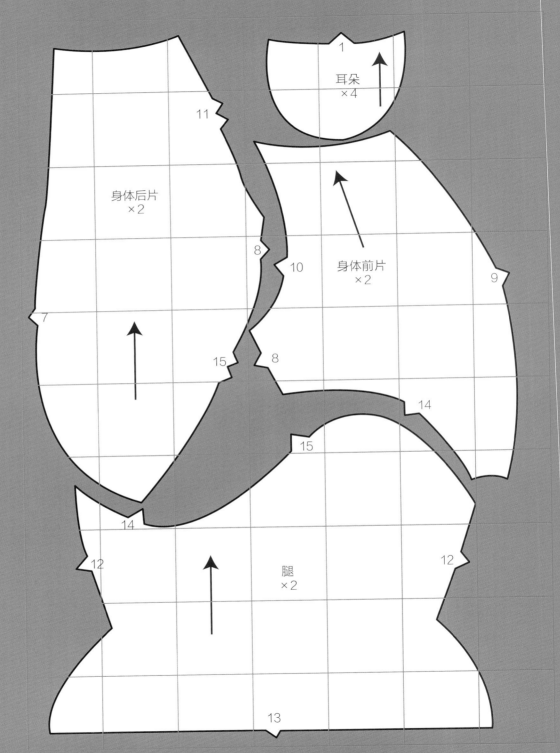

耳朵
×4

身体后片
×2

身体前片
×2

腿
×2

1格＝4cm×4cm

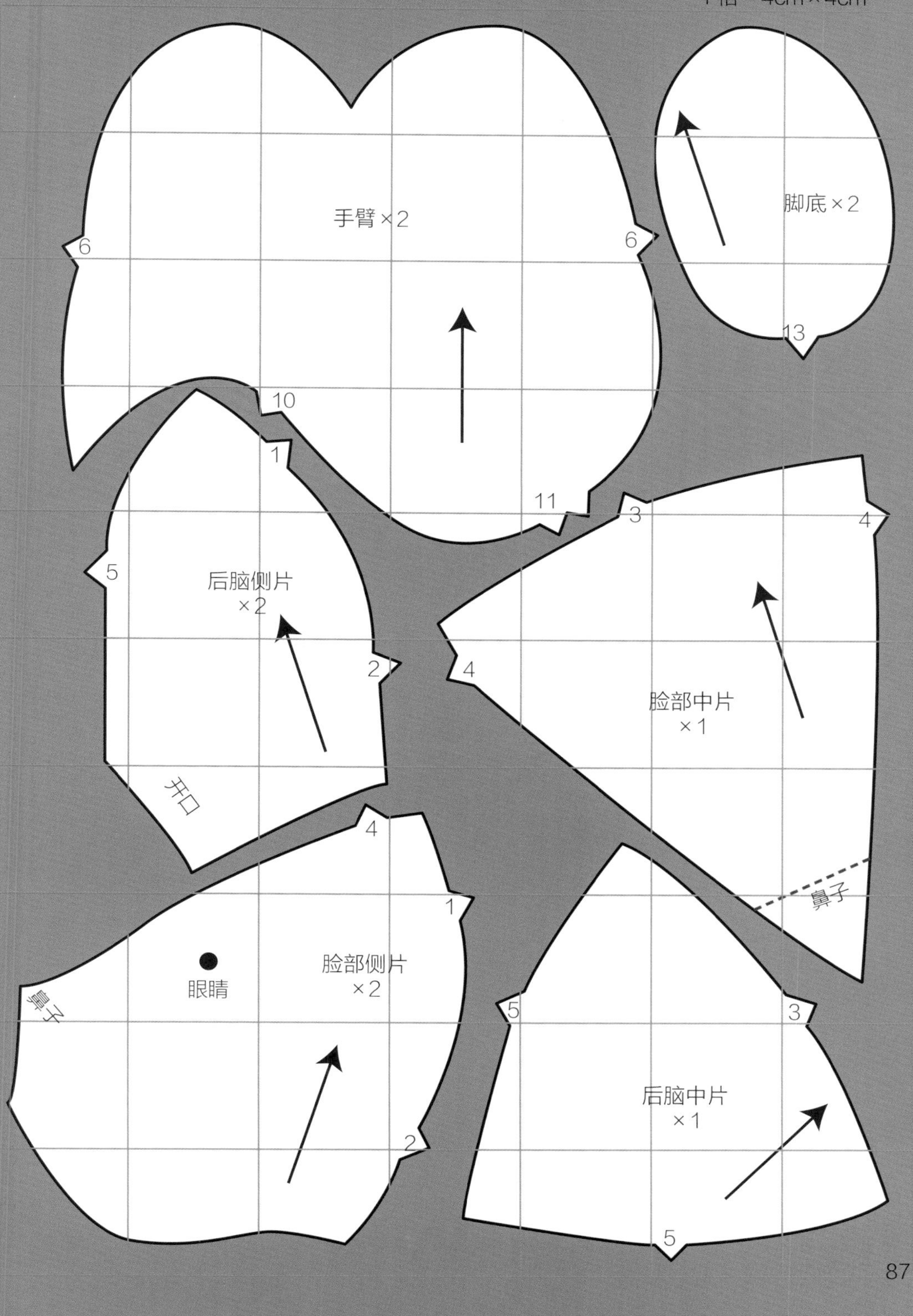

手臂×2
6
6
10
11
脚底×2
13
1
后脑侧片
×2
5
2
开口
3
4
4
脸部中片
×1
鼻子
4
1
脸部侧片
×2
眼睛
鼻子
2
5
3
后脑中片
×1
5

拼布奶牛

材料

纯色及印花棉布
合成绒布
填充棉
饰带
缝线
毛线

制作

用纸板裁剪出一个7cm×7cm的模板。

比照模板裁剪出36个布片。

6个布片拼接成一个长条，然后将长条拼在一起形成拼布片。

将拼布片放在同样大小的绒布片上，在距离拼布边1cm处，以平针缝法将两层布料缝合。

放大奶牛纸样。用珠针固定在纯色棉布上，增加0.5cm缝份后裁剪。

同样方式，裁剪缝在一起的拼布与绒布，注意拼布方格的角度。

将两块布料正面相对用珠针别在一起。缝合，预留后部返口。翻到正面。填充。缝合返口。

将蓝色毛线编成辫子作为尾巴，缝上。

用饰带装饰脖子。

1 格 = 5cm × 5cm

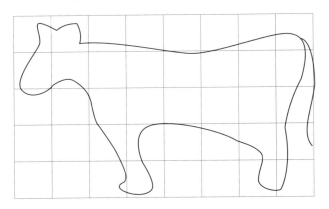

粗布小狗

材料

米白色粗布
红色缝线
黑色绣线

制作

剪裁17cm×13cm布片制作身体。
剪裁12cm×8cm布片制作头。
剪裁4块13cm×9cm布片制作腿。
用碎布剪裁出耳朵和尾巴。
对折一次身体布片，再次对折一次。用红色缝线以订线缝法缝合边缘。
将腿布片卷起来，同样方式缝合。绣出腿部末端。
将头部对折，第二次对折，第三次对折。做出一个长形的头。
用同样的折叠方式做出耳朵，或者用卷碎布的方式制作耳朵。
将所有部件缝合。
用黑色绣线绣出眼睛和口鼻。

狗娃娃

材料

棉布
棕色碎布头
黑色绣线
缝线
松紧带
纽扣
毛线
袜子
填充棉

制作

放大纸样（94~95页）。

裁剪纸样。

增加0.5cm缝份，按照标注份数裁剪布片。裤脚增加2cm作为折边，腰部增加2cm作为折边。

所有布片都沿着布边0.5cm正面相对缝合。

身体：将两块身体前片中间缝合，将两块身体后片缝合。在侧边缝合前片和后片，预留颈部开口。

头：缝合头部夹角。将头中部与两个侧面缝合。

耳朵：正面相对缝合2块耳朵的布片，预留底端开口。翻到正面。缝合耳朵底端。

填充头，填充身体。

将头和身体缝合。

将耳朵缝合在夹角后方。

腿：正面相对缝合2片腿的侧边，把脚底缝到下端。翻到正面。填充腿。缝合上部。缝合到身体下部。

尾巴：对折尾巴，缝合斜边，上端预留返口。翻到正面。填充。缝在背部下端。

在棕色棉布上剪一块斑纹状的布片，将边缘折一道小边，缝在头上。

绣出眼睛、鼻子、嘴等。

用黑色绣线以直线绣法绣出爪子。

裤子：将两个裤片前边和后边的中缝缝合。将两条裤腿缝合。将裤腿下端和

自然风格

狗娃娃 (续)

腰部折边，缝上。将一条松紧带穿过腰折边。

衬衣：缝合衬衣的侧边和袖子侧边。袖子折边。沿着前片边缘缝小卷边。将领子折边三次，缝在相应位置，领子下方缝一个纽扣。

鞋子：将鞋子的两个布片重叠，缝合鞋子前部AB段。缝合鞋底周边。鞋口折边缝合。可以缝上绳子作为鞋带。

毛衣：用袜子裁剪而成，剪一个洞做领口，剪两个洞做袖口。折边后缝合。

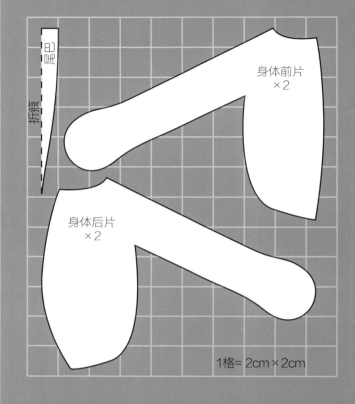

折痕 尾巴

身体前片
×2

身体后片
×2

1格= 2cm×2cm

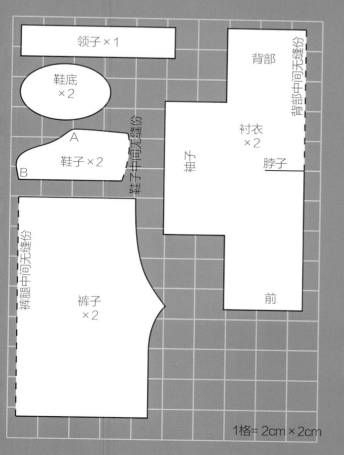

领子×1

鞋底
×2

A

鞋子×2

B

鞋子中间无缝份

裤腿中间无缝份

裤子
×2

袖子

背部

背部中间无缝份

衬衣
×2

脖子

前

1格= 2cm×2cm

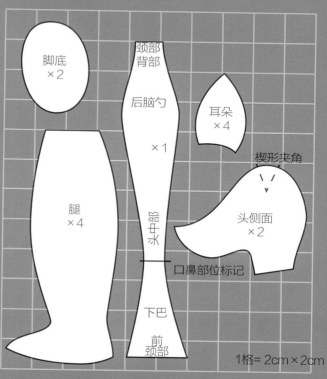

脚底
×2

颈部
背部

后脑勺

×1

头中部

口鼻部位标记

下巴

前
颈部

腿
×4

耳朵
×4

楔形夹角

头侧面
×2

1格= 2cm×2cm

马 头

材料

亚麻布料
白色缝线
填充棉
深绿色碎布头
栗色亚麻缝线
细麻绳
亚麻绳
栗色绣线
2粒直径2.5cm的牛角纽扣
2粒直径8mm的牛角纽扣
约1.1m长的扫帚杆
记号笔

制作

在亚麻布反面画出所有部件。

周边增加1cm缝份裁剪。

正面相对分别缝合2只耳朵的2个布片，底部预留返口。翻到正面，少量填充。分别缝在头侧面对应位置。

依据编号，将所有部件沿着1cm缝份外围线正面相对缝合。后部留下返口。翻到正面。填充。

用绿色布料剪出2个三角形和2个正方形，然后用栗色亚麻缝线以粗针脚缝在耳朵内侧和脸颊上。

用栗色绣线将小纽扣缝作鼻孔，将大纽扣缝作眼睛。

用栗色绣线以十字绣法绣出嘴巴。

将细麻绳编辫子一样编成一条长约1米的带子。将带子缝在嘴两侧作为缰绳。

将亚麻绳解开分成两股，剪成长段。以回针缝针法缝在后脑中片，拉紧针脚。

将扫帚杆子插入头中。用绳子在布料上紧密缠绕多圈。打结。

F
5
F
C
脸部中片 ×1
C
E
耳朵
D
D
后脑中片/马鬃 ×1
E
×2
27.5
头侧面
×2
5
4.5
B
8
A
B
×1
E
口鼻
5
3
23
18
8

耳朵
×4
8
8

下巴 ×1
A
A

小幽灵

材料

亚麻布头
填充棉
珠光小纽扣
细麻绳
白色缝线
象牙白色绣线
布料专用复写纸

制作

借助于复写纸，将放大的图形转印至正面相对对折的布料上。

缝合周边，在下部预留3~4cm返口。沿着3mm缝份外围线剪裁，将边缘朝内推的同时小心翻到正面。

填充。以藏针缝法缝合返口。

缝上纽扣当作眼睛。

通过绣上一颗小心，缝上一块贴布等方式来装饰。

在头顶部穿上绳子以便悬挂小幽灵。

将绳子分成尽量多的股数，然后剪成3cm长作为头发，在缝合之前先塞入两块布料之间的相应位置。

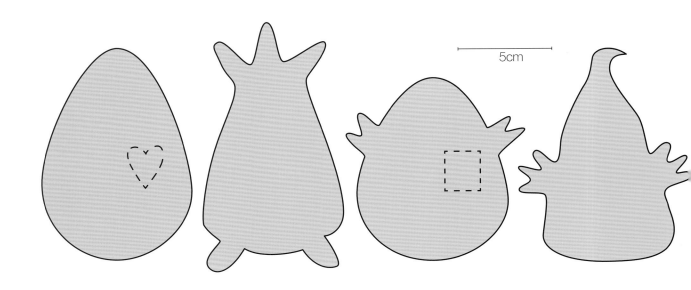

5cm

自然风格

猫娃娃

材料

旧毛料
天鹅绒
缝线
填充棉
纽扣
马海毛毛线
绣线

制作

放大纸样（102~103页）。
裁剪纸样。

将旧毛料对折使之正面相对，将身体纸样的中缝和布料折痕对齐。增加0.5cm
缝份，裁剪。
在脸部绣出眼睛、鼻子和嘴，注意脸部刺绣必须绣结实，确保线头不会被勾
起。
将身体正面相对。将周边缝合，在腋下留下5cm的返口。
在折边上剪牙口。翻到正面。
填充并确保一定的柔软度。缝合返口。
安装胡须：剪断毛线，用一根长针，将毛线从脸颊一边穿到另一边，贴近毛
料边缘打一个结来固定胡须。

将天鹅绒布料对折，使之正面相对，将衣服纸样无缝份中缝和布料折痕对齐，
并用珠针将纸样和布料别住。按照标注份数裁剪。
将所有布片的周边锁边。
上衣：将后片和前片正面相对。缝合肩部、袖子和侧边。将领口、袖子和衣
服下缘折边。用碎布头裁剪出一个口袋。将口袋缝在爸爸的上衣前面。
短裙：将后片和前片正面相对缝合。将上下边缘折边。
裤子：将后片和前片正面相对，缝合旁侧和内侧。正面相对，缝合后片中缝
和前片中缝。翻到正面。将上下边缘折边。裁出一条3cm×25cm的布条作
为背带，沿长度方向折边，反面相对对折。将长边缝合。用纽扣将背带缝合
在裤子上。
长围巾：起针6针，以上针织法织30cm然后收针。

猫娃娃（续）

5cm

爸爸
×2

无缝份中缝

妈妈
×2

无缝份中缝

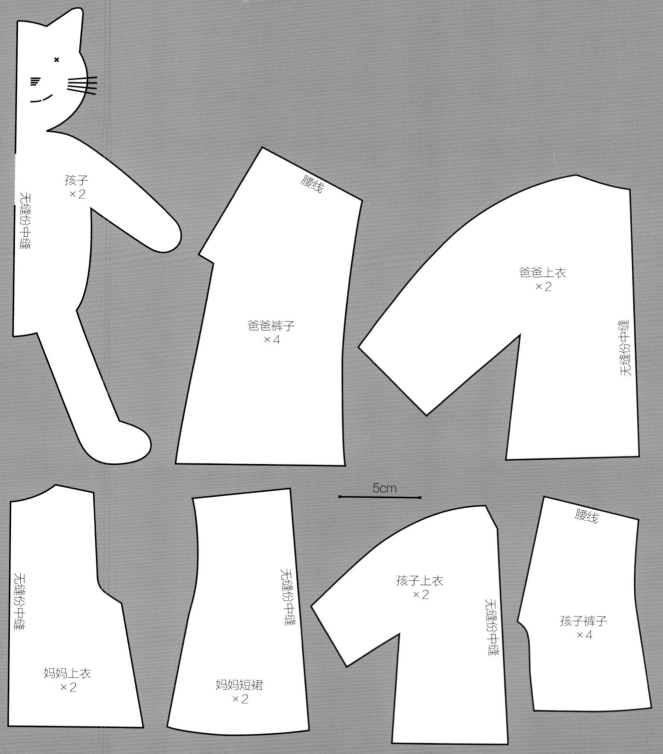

孩子
×2

无缝份中缝

腰线

爸爸裤子
×4

爸爸上衣
×2

无缝份中缝

5cm

无缝份中缝

妈妈上衣
×2

无缝份中缝

妈妈短裙
×2

孩子上衣
×2

无缝份中缝

腰线

孩子裤子
×4

小白鼠

材料

白色布料（如旧床单）
白色缝线
蓝色绣线
蓝色比较硬的线
填充棉
白色细绳

制作

放大纸样。

裁剪纸样。纸样已经含有4mm的缝份。

把纸样用珠针别在布料上，剪裁布片。

将两片身体正面相对缝合，预留下端边缘返口，翻到正面。

以同样方式分别缝合两只耳朵，预留下端边缘返口，翻到正面。

填充身体后将返口缝合。将耳朵布片朝耳朵内侧折边，然后缝合其边缘。在将耳朵缝到身体对应位置之前，需要将耳朵折一道垂直的褶子。

用蓝色绣线以直线绣法绣出眼睛和口鼻。

将蓝色比较硬的线剪成几长段来做胡须。从口鼻的一边穿到另一边。沿着布料边缘打结，用来固定胡须。

将细绳缝到身体后部，做为尾巴。

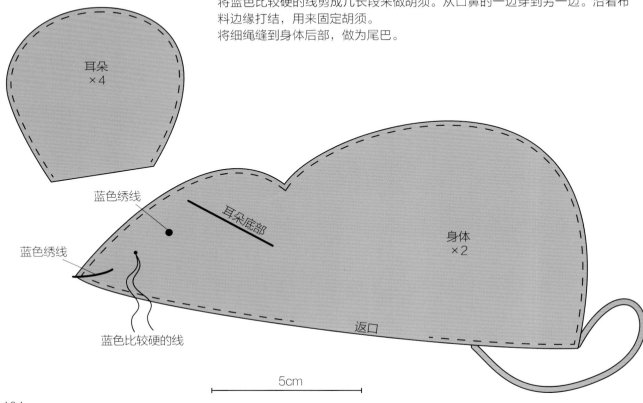

狐狸围脖

材料

人造仿皮草
天然亚麻布料
2粒珠光纽扣
绒布
缝线

制作

浆洗并熨平亚麻布料。

放大纸样（108~109页）。

裁剪纸样。

比照纸样，在相应材料上裁剪。

将一片人造仿皮草耳朵和一片亚麻布料耳朵正面相对缝合，耳朵底端留下返口。翻到正面。

将纽扣缝到一片头部布片上当作眼睛。

将耳朵放在标明的位置，布面最后应朝前，将两块头部布片正面相对缝合。

将纸样阴影部分留下返口。翻到正面。

同样方式缝合身体和尾巴。

用少量绒布填充头部。

手工将各个部件缝合在一起。

狐狸围脖(续)

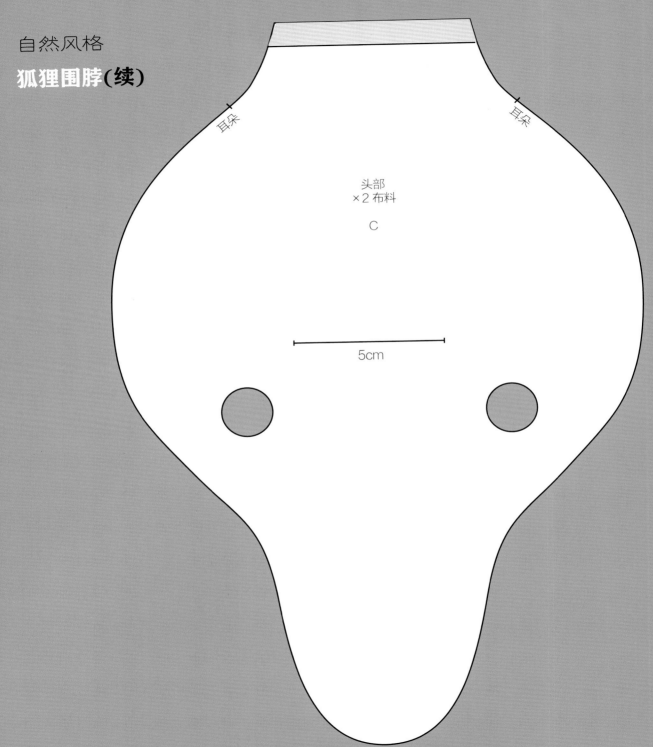

耳朵

耳朵

头部
×2 布料

C

5cm

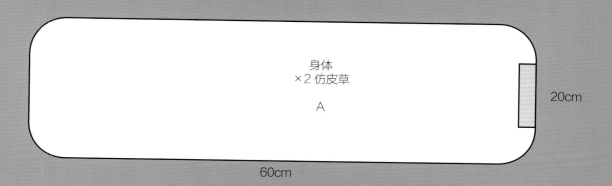

身体
×2 仿皮草

A

20cm

60cm

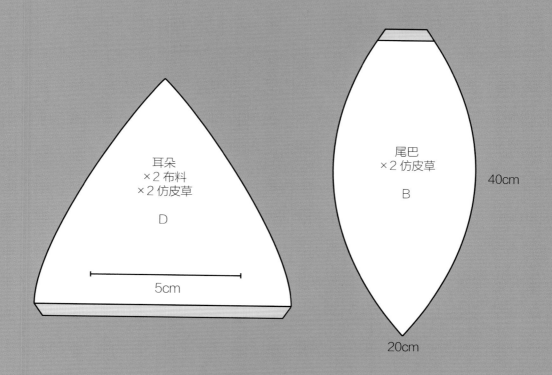

耳朵
×2 布料
×2 仿皮草

D

5cm

尾巴
×2 仿皮草

B

40cm

20cm

室内和室外

贴布介绍

什么是贴布？

贴布是在已有的材料上缝上布料或者细毡。

贴布是利用碎布头的好方法，也可以用新的布料裁剪出贴布。

选择布料时，尽量不要造成作为基底的布料和将添加的形状之间有太多差别。

薄的布料总是更容易应用和缝合。不会松线开线的细毡可以任意方向摆放，经常被用来制作柔软的式样。

贴布既可以手工缝合，也可以机器缝合，而且还可以用边饰、饰带等来美化，从而获得极具创意的效果！

室内和室外

蝴蝶图案抱枕套

材料

旧的亚麻布料或者床单
缝线
蝴蝶图片
与蝴蝶配色协调的珠子和缝线
转印纸
2 套按扣

制作

裁剪出42cm×62cm的一个前片，42cm×22cm、42cm×47cm的两块后片。

扫描一幅喜欢的蝴蝶图片，如果需要可以用复印机放大。将之贴在转印纸上，然后转印到长方形前片的中心部位。

可以在身体和翅膀上缝上珠子装饰，绣出触角等。

将两块后片的42cm宽的边上两次折边1cm后缝合。将两片后片交错，正面对反面，形成一个42cm×62cm的长方形，与前片正面相对缝合。翻到正面。

保护好蝴蝶图案，然后熨平。

在开口处缝上两套按扣。

小鸟图案门挂饰

材料

毛巾布
棉布
绒布
细毡
转印纸
饰带
蕾丝和花边
花朵和叶子等装饰

制作

放大纸样。

裁剪纸样。

将不同材料沿着纸样边缘裁剪。

将一只小鸟图案复印在转印纸上，根据使用说明，用熨斗熨烫在棉布中央位置。

将细毡的上端和棉布的下端正面相对缝合。熨平。缝上蕾丝和花边。

将上面缝合的布片与绒布、毛巾布重叠，将饰带夹入布料之间。沿着缝合线朝中间5mm缝合整个周边。

用花朵和叶子等进行装饰。

×1 细毡

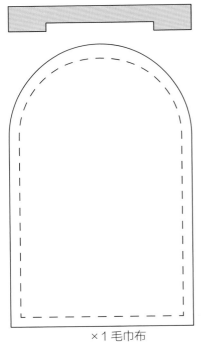

×1 毛巾布
×1 棉布
×1 绒布

5cm

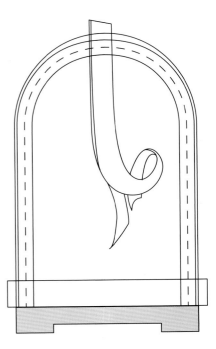

猫头鹰图案手机袋

材料

蓝色毛料
灰色毛料
印花棉布
黑色细毡
白色细毡
按扣
缝线
绣线
条纹布带

制作

放大下面的猫头鹰纸样，裁剪，贴在对应的布料上。沿着图样裁剪。

将眼睛缝在面部，然后以细小针脚的将面部缝在身体上。将猫头鹰用蓝色绣线以平针绣法固定在蓝色毛料上。

用珠针将毛料和印花棉布正面相对别在一起。距离边缘1cm缝合周边，在不是弧形的一端预留返口。修剪缝份，翻到正面。将返口朝反面折边。缝合。

将缝好的布块对折形成小袋子，缝合两侧边缘。缝上按扣。

将条纹带缝在小袋子两侧边缘，形成背带。

2cm

5cm

折痕

折痕

小鸟图案被子和枕头

材料

白色宽幅棉布
4种不同蓝色的宽幅棉布
绣线
缝线
绒布

制作

被面：用4种不同蓝色的布料分别裁剪出29.5cm×152cm的布条。将布条一个接一个正面相对沿着边缘1cm缝合在一起。将拼接好的布料摊开熨平。放大鸟的纸样（122页），用白色布料裁剪。将边缘锁边。
把鸟图案的贴布缝到被面上。用蓝色珠光棉线以平针法缝合图案的周边，并缝出翅膀、眼睛等细节。
被里：用白色棉布裁剪出一块112cm×152cm的长方形。
将被面和被里正面相对缝合，预留返口。翻到正面。熨烫。将绒布塞入其中。缝合返口。

枕头：裁剪出3条蓝色的18cm×35cm的布条，参照被子的缝法将3条布条缝在一起，作为前片。参照被子的方法缝上鸟图案的贴布。用白色棉布剪裁出一块35cm×50cm的长方形作为后片。将前后片正面相对，沿着边缘1cm缝合在一起，预留返口。翻到正面。填充绒布。缝合返口。

小鸟图案被子和枕头 (续)

28cm 用于枕头
96cm 用于被子

25cm用于枕头
41cm用于被子

25.5cm

30cm

123

鱼图案眼镜套

材料

2块10cm×22cm方形米白色亚麻布

2块10cm×16cm方形米白色薄布

12cm×6cm橘红色塔夫绸

白色缝线

热转印描图笔

描图纸

绣线

1个金黄色的小别针

制作

将4块布片的周边折边1cm并烫平以显示出缝合线。

放大纸样，转印。用转印笔在反面描图，并贴在前片亚麻布片上，然后用熨斗高温熨烫。

在塔夫绸上转印鱼图案，留出3mm缝份，裁剪。

将鱼图案用珠针固定在前片亚麻布片上，将多余的缝份边折边以细密针脚缝合。

参照纸样上注明的点和颜色进行刺绣。

将前片亚麻布片置于湿布上，熨烫其反面。

前后亚麻布片正面相对重叠，缝一个侧边。摊开熨平。2块米白色薄布也同样处理。把缝在一起的亚麻布片和薄布再正面相对，缝合上面，摊开熨平。

把缝在一起的两种布顺长正面相对重叠，缝合一个侧边和两个底边，在薄布的侧边上预留返口，翻到正面，缝合返口，把薄布袋塞进亚麻布袋中即可。

A、B、C、D、E、F代表
不同的绣线

数字代表不同的针法：

1 = 平针

2 = 缝合针法

3 = 直线绣

4 = 锁链绣

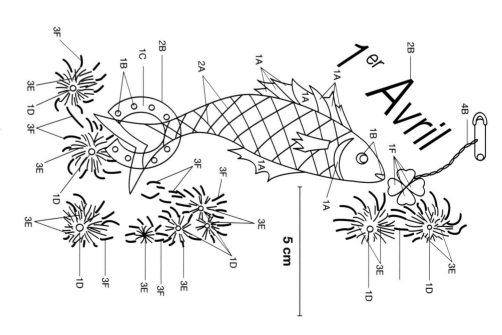

猫头鹰图案围巾

材料

棉布
细毡
缝线
绣线

制作

放大纸样。
裁剪纸样。
将围巾纸样中缝线对准布料折痕中缝线，增加1cm缝份，裁剪。裁剪两块。
在细毡上裁剪猫头鹰的身体、面部和眼睛。
将眼睛、面部缝在猫头鹰的身体上。
将猫头鹰别在围巾前片正面的尖角端，用平针绣法将之缝在围巾上。
将两块围巾布料正面相对缝合，预留上部返口。翻到正面。手工缝合返口。
熨烫围巾边缘。

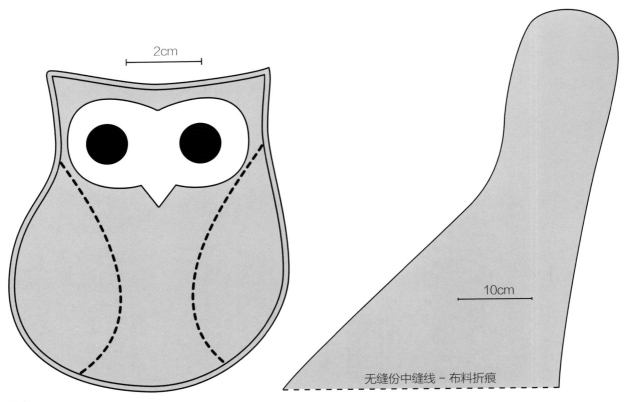

2cm

10cm

无缝份中缝线 – 布料折痕

鱼图案记事本护套

材料

硬皮记事本
白色棉布
碎布头
饰带
细绳子
缝线
绣线
填充棉

制作

将白色布料裁剪出一块长方形的布片，长度比记事本多出3cm，宽度多出12厘米。

裁剪印花布料用作书脊，顺长折0.5cm的边，缝合到白色布料中间书脊的位置。

在3种不同的布料上，各画出两个相同的鱼图案，装饰封面的鱼图案比较大。裁剪。

将装饰封面的的两片鱼图案正面相对缝合，在侧边预留一个小的返口以便翻到正面。将弧线剪牙口，翻到正面，缝合。用珠针固定到封面中间的位置。用2股绣线以平针绣法沿着周边缝在封面布上，嘴巴处留下开口以便放置铅笔。

将两个小鱼图案的前后两片分别正面相对，用珠针固定，缝合周边，预留返口，翻到正面，将细绳子的两端分别穿入鱼嘴中。填充两条小鱼中的一条，缝合返口。

将细绳子对折，将对折处缝合在书脊内侧，小鱼留在外面。

将每边先折0.5cm的边，然后再折1cm的边，缝合。

将左右两边向里折，将上下重叠部分缝合。

剪裁2个三角形的棉布片来做包角，先折0.5cm的边，再手工用藏线缝针法缝到护套的相应位置。

将饰带剪为两段，缝在前后翻口里面，打结。

鱼图案背心

材料

吊带背心
棉布碎布头
缝线
绣线

制作

用棉布碎布头裁剪出三条鱼的图案。别在衣服背部，然后一边折边一边缝在衣服上，需要保持细密针脚。
用绣线以平针绣法从鱼头部绣至衣服的肩膀处。

鱼图案枕套

材料

白色枕套
红色和蓝色小花图案布料
双面热胶合纱布衬
缝线
珠光纽扣
数字和字母的镂空模板
红色针织布颜料

制作

将枕套里塞一个硬纸板，一来使布更加平整，二来颜料不会透到其他层布料上。

将镂空模板居中且和边缘平行摆放，形成单词。

刷子蘸少量颜料在模板上涂色。最好多涂几层颜料，在涂抹每一层颜料之间可以用吹风机加速干燥。

在热胶合纱布衬上描画鱼图案和心形图案，剪裁。放在花布的背面，熨烫。

沿着轮廓线剪裁，将热胶合布衬撕掉，然后贴在枕套上。

红色的布用蓝线，蓝色的布用红线，以平针缝法大针脚将图案周边缝合。缝上纽扣作为装饰。

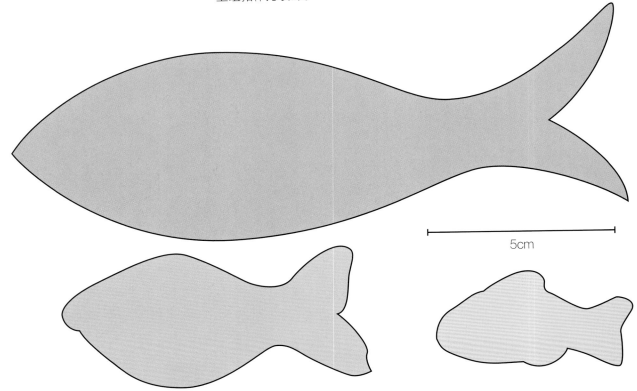

5cm

长颈鹿帘子

材料

布帘
长颈鹿皮毛图案的仿真皮毛
双面热胶合布衬
缝线
纽扣
绣线
羽毛

制作

把长颈鹿图案放大到需要的尺寸。然后转印到热胶合布衬上。裁剪。

将热胶合布衬放在仿真皮毛的反面，熨烫，撕掉布衬，将之熨烫到帘子对应的位置上。注意，最后的长颈鹿图案是反过来的！

用细密针脚缝合周边。将纽扣缝在眼睛的位置。

用棕色线以平针绣法绣出尾巴，在尾端加一根小羽毛。

绣出几根绿色的草。

温馨舒适风格

温馨舒适风格

猫图案靠枕

材料

2块黑色的53cm×39cm的棉布
40cm×25cm的白色丝绸和黑色蕾丝
1条黑条白饰带＋1个大纽扣
150cm长的黑白相间的饰带
白色绣线
缝线
填充棉

制作

在纸上画一个50cm×36cm的四方形。然后在中心位置画一个椭圆形，其边缘距四方形边缘约为5cm和6cm，随后在中间画出139页上的猫的剪影。

剪出椭圆形纸样，别在白色丝绸上，裁剪。

取下纸样，剪出猫的图案，别在蕾丝上。裁剪。

用白色绣线以平针绣法把猫缝到白色丝绸上。

将白色丝绸别在一片黑色四方形布片的正面，将黑白相间的饰带以骑马缝针法缝到丝绸料周边上。

用白色绣线绣出眼睛。用黑条白饰带做一个蝴蝶结，用珠针别住，然后缝到脖子的位置。缝上纽扣。

把两块黑色布片正面相对，在距边1.5cm处缝合，预留返口。翻到正面。填充。缝合返口。

小熊图案大衣

材料

一件儿童大衣
天鹅绒和毛料碎布头
缝线
棕色毛线
纽扣

制作

根据大衣的尺寸，将下面的纸样放大。

用不同的碎布头，裁剪出大熊的头、身体、胳膊、腿、耳朵、口鼻等，以及心形和小熊的腹部等。

把大熊的布块按照图案缝到大衣上，绣出口鼻。

将小熊图案别在大衣上，用棕色毛线绣出图案轮廓和口鼻。把腹部的布块缝上。

将纽扣缝到大小熊眼睛的位置。

在心形布片上放上纽扣，缝到衣服上即可。

5cm

瓢虫玩偶

材料

朱砂红色毛线
黄色毛线
粉红色毛线
毛毡小圆片
填充棉
缝线

制作

参照网格图样，用两种不同的颜色的毛线编织大小不同的瓢虫。

瓢虫前后两片头部和身体的颜色相反。

触角：大瓢虫用朱砂红色毛线起50针，小瓢虫用朱砂红色毛线起40针，织1行上针，再换粉红色织1行下针，收针。

将小圆片缝在前片。

将前后两片正面相对缝合在一起，上部预留返口，翻面。

填充。

将每条触角的末端卷起来，缝几针固定，把另一端塞入上部返口，然后缝合返口。

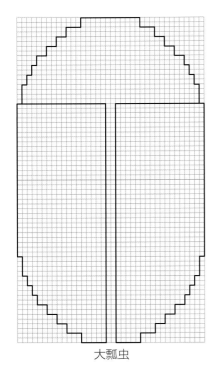

大瓢虫

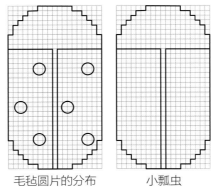

毛毡圆片的分布　　　小瓢虫

条纹靠枕套

材料

米色粗布
条纹粗布
5cm宽米色布带
深灰色粗布
十字绣布
绣线
纽扣
缝线

制作

枕套后片：用米色粗布裁剪出一块50cm×46cm四方形。
枕套前片：用条纹粗布裁剪出一块边长为46cm的正方形。
把米色布带缝在枕套前片的左边缘，在布带上等距离做出三个扣眼。
放大纸样，裁剪纸样。
利用纸样将小熊的腿、身体、头、胳膊等描绘在深灰色粗布上。
增加1cm缝份，沿着缝份外围线裁剪出每一部件。
反面折边，将折边剪牙口，以细密针脚把每一部件缝合到枕套前片上。
将需要刺绣的部分描绘在十字绣布上。用三股绣线以十字绣法将之疏缝在小熊上。撕掉底布。
在手臂、腿与身体的连接处各缝上1粒珠光纽扣，缝上黑色纽扣当作眼睛。
将前片和后片正面相对重叠。缝合三边（不缝有布带的那一边）。将后片的缝份朝内折，缝合。在与扣眼对应的位置缝上纽扣。

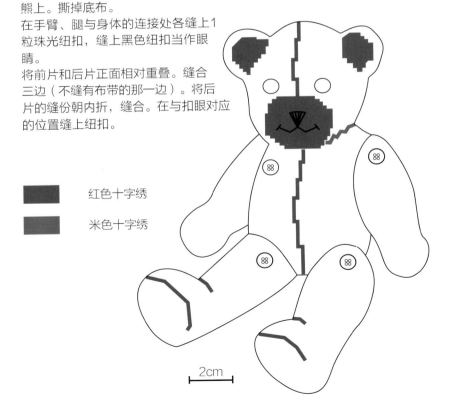

■ 红色十字绣

■ 米色十字绣

2cm

绿色靠枕

材料

2块绿色44cm边长的正方形毛毡料
浅巧克力色亚麻粗布
深巧克力色亚麻粗布
米白色亚麻粗布
栗色亚麻粗布
深棕色亚麻粗布
绣线
缝线
别针
填充棉

制作

放大纸样（148~149页）。
裁剪纸样。
把纸样放在相应颜色的亚麻布料上，裁剪。
将不同颜色的亚麻布料，按照图案用别针固定在靠枕前片的正面，用六股绣线以轮廓绣法固定，绣出身体、头部、爪子等线条。
将靠枕的前片和后片正面相对。沿着边缘2cm缝合周边，在一边的中间预留返口。
翻到正面。
填充。
手工缝合返口。
可在前片刺绣进行装饰。

绿色靠枕 (续)

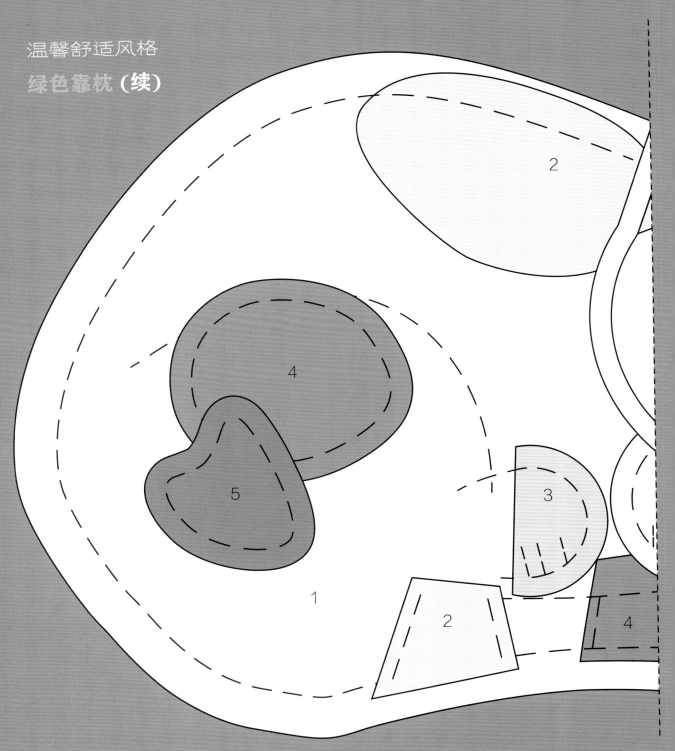

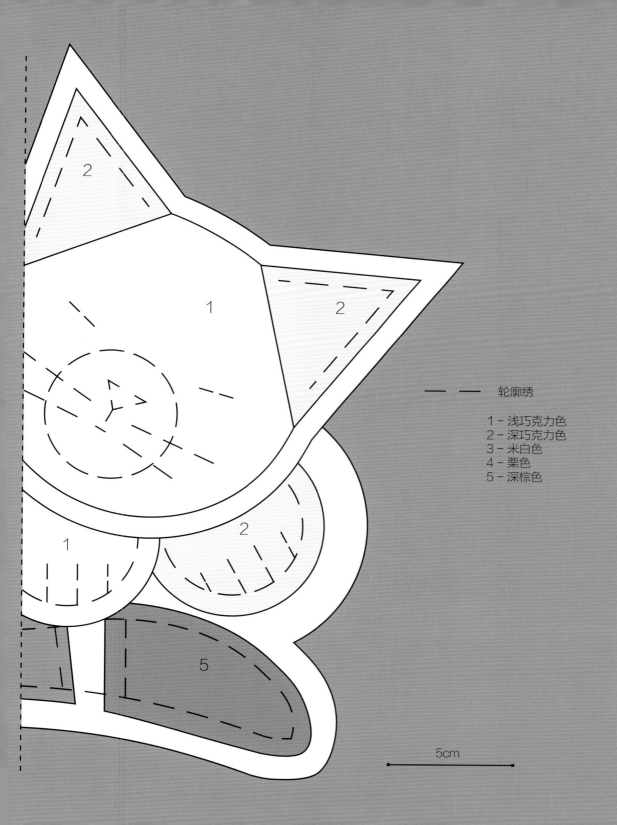

轮廓绣

1 – 浅巧克力色
2 – 深巧克力色
3 – 米白色
4 – 栗色
5 – 深棕色

5cm

溜冰熊图案靠枕套

材料

米白色和天蓝色细毡

苏格兰格子毛料

十字绣底布

绣线

缝线

6粒米白色骨质纽扣

制作

枕套前片：用槽口剪刀将苏格兰格子毛料剪裁一块50cm×41cm的长方形。

枕套后片：用槽口剪刀将苏格兰格子毛料剪裁一块15cm×41cm的长方形和一块39cm×41cm的长方形，交错重叠形成一块50×41cm的长方形，疏缝。

描绘出小熊及围巾、圣诞树和圆片的纸样，剪裁。

依照纸样，在细毡料和枕套前片上描图。

用直剪刀裁剪出圣诞树、小熊、围巾，用槽口剪刀裁剪出圆环。

把圣诞树、小熊、围巾疏缝在靠枕前片的正面，然后用米白色和天蓝色绣线以十字绣法固定。

将滑雪路径线描绘到一块十字绣底布上。疏缝在下端12cm处，用天蓝色绣线以十字绣法刺绣。撕掉底布。

用纽扣把圆片缝到靠枕前片的正面。

将前片和后片反面相对重叠，以装饰性绣法距离边缘2cm用米白色缝线缝合。

溜冰熊图案靠枕套 (续)

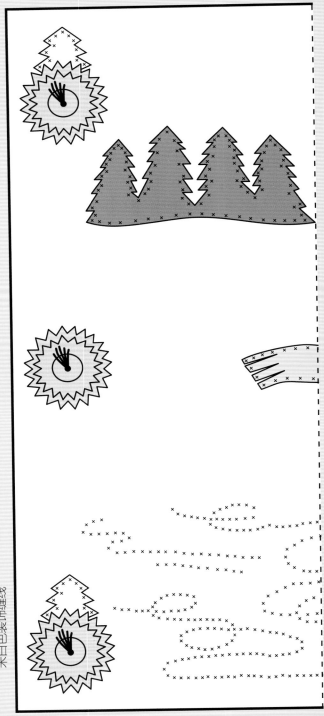

米白色装饰缝线

5cm

温馨舒适风格

小熊图案长围巾

材料

一条绿色长围巾
碎布头
转印笔
描图纸
缝线
绣线

制作

描绘小熊轮廓并转印到米色布料上。
增加3mm缝份剪裁。
朝反面折一道3mm的折边，并以针叶绣法缝合到围巾上。
剪裁服饰部分，用同样方式从最下层开始缝到小熊身体的相应位置。
参照纸样，分别用轮廓绣、结粒绣和针缝针法做出眼睛、口鼻、衣服细节。

1 = 红色绣线
2 = 赭石色绣线
3 = 灰色绣线
4 = 蓝色绣线
5 = 黑色绣线
= 轮廓绣
= 结粒绣
—— = 针缝

3cm

星空下的小熊装饰布帘

材料

绒布（布帘前片）
棉布（布帘后片）
各种花色的棉布（贴布和滚边）
拼布用针
缝线
别针

制作

放大纸样。
剪出一块86cm×124cm的四方形绒布，作为布帘前片。
沿着1cm的缝份外围线，剪出布帘方形贴布。
将贴布用珠针别在绒布上，布块重叠处将缝份朝反面折叠并使周边布在上面。
缝合。
增加1cm缝份，剪裁出小熊、星星、月亮等图案的贴布。将折边朝反面折叠，
然后以不规则直线绣法缝合，始终遵守从最底层开始逐层缝合的原则。
以平针绣法绣出眼睛、鼻子等，以回针绣法绣出底布上的星星。
可参考照片和纸样摆放图案。
剪出一块86cm×124cm的四方形棉布，作为布帘后片。
布帘前片和后片正面相对，沿着边缘1cm缝合，预留返口。翻到正面。缝合
返口。

**星空下的
小熊装饰
布帘
(续)**

122cm

10cm

84cm